社会应急力量培训教材之一

建筑物倒塌搜救

应急管理部救援协调和预案管理局　编

应急管理出版社

· 北　京 ·

图书在版编目（CIP）数据

建筑物倒塌搜救/应急管理部救援协调和预案管理
局编． －－北京：应急管理出版社，2022（2025.2重印）
社会应急力量培训教材
ISBN 978 – 7 – 5020 – 9503 – 1

Ⅰ.①建… Ⅱ.①应… Ⅲ.①建筑物—坍塌—救援—
技术培训—教材 Ⅳ.①TU746.1

中国版本图书馆 CIP 数据核字（2022）第 158501 号

建筑物倒塌搜救（社会应急力量培训教材之一）

编 者	应急管理部救援协调和预案管理局
责任编辑	闫 非
编 辑	孟 琪
责任校对	李新荣
封面设计	王东旭

出版发行	应急管理出版社（北京市朝阳区芍药居35号　100029）
电 话	010 – 84657898（总编室）　010 – 84657880（读者服务部）
网 址	www.cciph.com.cn
印 刷	天津嘉恒印务有限公司
经 销	全国新华书店

开 本	710mm×1000mm$^1/_{16}$	印张	$16^1/_4$	字数	302 千字
版 次	2022 年 9 月第 1 版　2025 年 2 月第 2 次印刷				
社内编号	20221210		定价	58.00 元	

前　　言

党的十八大以来，习近平总书记高度重视应急管理和应急救援队伍建设，强调"要建设国家应急救援关键力量，引导社会救援力量发展，提升综合救援能力"。社会应急力量作为中国特色应急救援力量体系的重要组成部分，近年来，发挥覆盖面广、贴近群众、组织灵活等优势，积极协助政府有关部门开展风险排查、灾情报送、生命救援、灾民救助、疫情防控等工作，主动投身到山地、水上、航空、潜水、医疗辅助等抢险救援和应急处置工作。特别是汶川地震、芦山地震、鲁甸地震、河南郑州"7·20"特大暴雨等灾害发生后，社会应急力量闻灾而动、千里驰援，于百姓危难之时、灾区急需之处无私奉献，用凡人星火点亮人间真爱，被誉为为社会贡献力量的前行者、引领者，受到了党和政府的表彰、人民群众的赞扬。

应急管理部党委认真贯彻总书记重要指示批示精神，采取加强队伍管理、搭建信息平台、开展技能竞赛、强化服务保障等一系列措施，积极推动社会应急力量建设发展，引导其有序参与抢险救援活动。立足于提高社会应急力量救援能力，有效防范应对重大安全风险，应急管理部救援协调和预案管理局组织有关单位借鉴国内外先进救援理念，坚持理论和实操相结合，编写了这套难度适中的专业培训教材。教材全面介绍了建筑物倒塌搜救、山地搜救、水上搜救等领域应急救援理论知识，系统阐述了重点领域应急救援实用技能技法，对社会应急力量完善应急准备、规范救援行动、科学组织施救有借鉴指导意义。

希望广大社会应急力量立足职责定位和专业特长，潜心研学教材内容，结合经典救援案例不断总结经验、创新战法，在实践中锤炼救援技能，有效防范应对各类安全风险，真正成为群众身边的安全守护者。

应急管理部救援协调和预案管理局

2022 年 8 月

目　　　录

第一章　建筑物倒塌搜救基础知识

第一节　建筑材料及建（构）筑物安全常识

建筑物倒塌搜救对专业知识要求非常高，救援人员面对的是大量遭受破坏的房屋、设施、地物、地貌等环境，救援环境异常复杂，不仅要求救援人员具备专业的救援知识技能，还必须掌握建（构）筑物基础知识。

一、建筑物倒塌搜救的特点

1. 作业环境复杂、工作量大

灾害发生后，往往造成房屋结构损坏，交通、电力等基础设施遭到破坏。需救助的人员常被困在建（构）筑废墟之中，救援环境复杂，有时空气质量差，视线受阻。救援往往需要开辟救援通道，工作量大。

2. 营救难度大

在建（构）筑废墟中搜索被困人员需要使用各种先进的生命探测装备，营救过程中因倒塌结构体积和质量较大，需要综合运用破拆、支撑、顶升、绳索等技术装备和大型机械设备开辟救援通道，营救难度很大。

3. 救援过程存在风险

在搜索、救援过程中，救援区域发生的余震或救援人员使用大功率机械、装备作业时引起的大震动，使救援人员有被埋压风险。施救时，钢筋混凝土块、裸露的钢筋、破碎的玻璃等可能会对救援人员造成伤害。现场有毒有害气体扩散，可能会导致救援人员中毒或感染。

4. 危险化学品泄漏风险

建筑物倒塌后，会伴随出现天然气泄漏、漏电等情况。此外，一些化工厂、实验室倒塌存在危险化学品泄漏的可能。

二、建筑材料

建筑材料是建（构）筑物的物质基础，它直接关系建（构）筑物的结构形

1

式和坚固程度。在现代建筑中，建筑材料品种多、数量大，从建（构）筑物的主体结构到每个细部构件，都是由多种建筑材料构成的。不同的建（构）筑物结构类型所采用的建筑材料亦有较大差别。因此，了解各种建筑材料的成分、结构及其物理、化学和力学性质，对选用合适的营救工具、制定科学的营救方案、提高营救工作效率、保证救援过程安全意义重大。

（一）建筑材料分类

建筑材料可根据组成物质的种类及化学成分简单分为无机材料、有机材料和复合材料三大类，各类材料可再细分，见表1－1。

表1-1 建筑材料分类

种 类		化 学 成 分
无机材料	金属材料	黑色金属：钢、铁
		有色金属：铝、铜等及其合金
	非金属材料	天然石材：砂、石、各种岩石制成的材料
		烧土制品：黏土砖、瓦、陶瓷、玻璃等
		胶凝材料：石灰、石膏、水玻璃、水泥混凝土、砂浆、硅酸盐制品
有机材料	植物质材料	木材、竹材
	沥青材料	石油沥青、煤沥青、沥青制品
	高分子材料	塑料、涂料、胶黏剂
复合材料	无机非金属材料与有机材料复合	钢纤维混凝土、沥青混凝土、聚合物混凝土

（二）建筑材料的物理性质和力学性质

1. 物理性质

建筑材料的物理性质是表示材料物理状态特点的性质，主要包括密度、表观密度、堆积密度、密实度和孔隙率等。以下主要介绍密度和表现密度。

（1）密度。是指建筑材料在绝对密实状态下单位体积的质量，即材料的质量与材料在绝对密实状态下的体积之比。材料在绝对密实状态下的体积是指不包括材料内部孔隙的体积，即材料在自然状态下的体积减去材料内部孔隙的体积。

（2）表观密度。是指建筑材料在自然状态下单位体积的质量，即材料的质量与材料在自然状态下的体积之比。计算表观密度时，如果只包括材料内部孔隙而不包括孔隙内的水分，则称为干表观密度；如果既包括材料内部孔隙又包括孔隙内的水分，则称为湿表观密度。

对于救援而言，要关注的是物体的表观密度而不是密度。为了不引起混淆，下文中所指的密度均为表观密度。几种常用建筑材料的密度见表1-2。

表1-2　常用建筑材料的密度　　　　　　　kg/m³

材料名称	密　　度	材料名称	密　　度
普通黏土砖	1800~1900	木纤维板	200~1000
黏土空心砖	900~1450	刨花板	300~600
耐火砖	1900~2200	普通玻璃	2550
土坯砖	1200~1500	花岗岩	2500~2700
普通混凝土	2200~2450	砂子	1400~1700
泡沫混凝土	600~800	毛石	1700
加气混凝土	550~750	钢材	7850
水泥	1250~1450	铸铁	7250
松木	500~600	铜	8500~8900
杉木	400~500	铝	2700
硬杂木	600~700	铝合金	2800

2. 力学性质

材料的力学性质是指材料在各种外力作用下抵抗变形或破坏的性质，是分析建（构）筑物破坏程度及其稳定性与选用营救设备的基本依据之一。

（1）强度。材料在外力（荷载）作用下抵抗破坏的能力称为强度。建筑材料所受的外力主要有拉力、压力、弯曲力及剪切力等。材料抵抗这些外力破坏的能力分别为抗拉强度、抗压强度、抗弯强度和抗剪强度。

不同材料具有不同的抵抗外力特性，混凝土、砖、石材等抗压强度较高，钢材的抗拉、抗压强度都很高，在营救时应预先了解不同材料所具有的强度。

材料的强度大小主要取决于其本身的成分、结构。一般情况下，材料的表观密度越小、孔隙率越大、越疏松，其强度就越低。

建筑工程中常用材料的强度见表1-3。

表1-3　常用建筑材料的强度　　　　　　　　　　　　　MPa

材料名称	抗弯强度	抗拉强度	抗压强度
花岗岩	10～14	5～8	100～250
普通黏土砖	1.6～4.0	—	5～20
普通混凝土	—	1～9	5～60
建筑钢材	—	240～1500	240～1500
松木（顺纹）	60～100	80～120	30～50

（2）弹性与塑性。材料在外力作用下产生变形，外力去掉后变形能完全消失的性能称为弹性。材料在外力作用下产生变形，外力去掉后变形不能完全恢复，并且材料也不即刻破坏的性质称为塑性。材料不能恢复的残余变形叫塑性变形。

材料的弹性变形与塑性变形曲线如图1-1所示。图1-1中 OA 段为弹性变形，AB 段为塑性变形。这说明在外力作用下工程材料中单纯的弹性变形是不存在的。一些材料在外力不大的情况下，外力与变形成正比，产生弹性变形；当外力超过一定数值后，接着便出现塑性变形，如建筑钢材中的低碳钢即为此种情况；也有些材料受到外力作用后，弹性变形和塑性变形同时发生，混凝土就是如此。

图1-2说明混凝土材料受力后弹性、塑性变形共生，去掉外力后弹性变形 Ab 可以恢复，其塑性变形 Ob 则会保留。

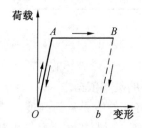

图1-1　材料弹性与塑性变形曲线　　图1-2　混凝土的弹性变形与塑性变形曲线

材料弹性与塑性除与其本身的成分有关外，尚与外界温度等因素有关，如材料在一定温度和一定外力条件下属于弹性，但当温度升高后可能转变为塑性。

（3）脆性与韧性。材料在外力作用下未发生显著变形就突然破坏的现象称为脆性，如石材、砖、混凝土等。脆性材料的抗压强度大大高于其抗拉强度。

材料在动荷载的作用下产生较大的变形而不导致破坏的性质称为韧性,也叫冲击韧性,如钢材、木材等。

(三)常见建筑材料的主要特性

1. 混凝土

混凝土由水泥、石子、砂、其他惰性材料、水和少量空气混合而成。

混凝土按其密度不同分为重混凝土($\rho_0 > 2500$ kg/m³)、普通混凝土(1950 kg/m³ < ρ_0 < 2500 kg/m³)、轻混凝土($\rho_0 < 1900$ kg/m³)和多孔混凝土($\rho_0 = 300 \sim 1200$ kg/m³),混凝土按其性质和用途不同又可分为耐酸混凝土、耐热混凝土、防水混凝土和防射线混凝土等。

混凝土的主要特性如下:

(1)阻燃并抗压。

(2)不抗拉和剪切。

(3)在一定时间内,其强度随时间连续提高。

(4)较重,1 m³ 重达 2.5 ~ 3.0 t。

混凝土凝固需水合作用,这就意味着它需要水来逐步硬化。一旦干燥,混凝土通常出现一些表面裂纹,但并不意味着破坏。在倒塌建(构)筑物安全评估和现场营救顶撑操作时,须区分倒塌构件的裂纹是正常裂纹还是遭到破坏产生的裂纹,因为对遭到破坏的构件进行操作存在较高的危险性。

另外,混凝土非常抗压而不抗拉,这就是用混凝土做梁、柱和地板时要加钢筋的原因。

2. 建筑钢材

从铁矿石中利用化学还原的方法炼得生铁,将生铁中多余的杂质采用氧化的方法除去,就是常说的冶炼成钢,轧钢厂再将钢锭制成钢材。钢指含碳量在 2.11% 以下的铁碳合金。建筑中所用的钢筋、钢丝、型钢(工字钢、槽钢、角钢、扁钢等)、钢板和钢管统称为建筑钢材。

钢材的主要特性如下:

(1)强度高。表现为抗拉、抗压、抗弯及抗剪强度都很高。在钢筋混凝土中,能弥补混凝土抗拉、抗弯、抗剪和抗裂性能较差的缺点。

(2)塑性好。钢材在常温下能承受较大的塑性变形。钢材能承受冷弯、冷拉、冷拔、冷轧、冷冲压等各种冷加工。冷加工能改变钢材的断面尺寸及形状,并改变钢材的性能。

(3)质地均匀,性能可靠。

(4)阻燃、导热、导电。

3. 木材

木材是人类最早使用的建筑材料之一。古建筑中，在屋架、梁、柱和地面使用了大量的木材。

木材的主要特性如下：

（1）质量轻，有较好的弹性、塑性，能承受一定的冲击和振动荷载。

（2）绝缘性能好，但易燃。

（3）结构不均匀。

（4）断裂前发出吱吱声响。

三、建（构）筑物结构类型

建（构）筑物结构是由结构构件，即梁、板（受弯构件）及墙、柱（受压构件）和基础等构件组成，钢筋混凝土框架结构如图1-3所示。结构构件通过正确的连接，组成能承受并传递荷载等作用的房屋骨架，称为建(构)筑物结构。

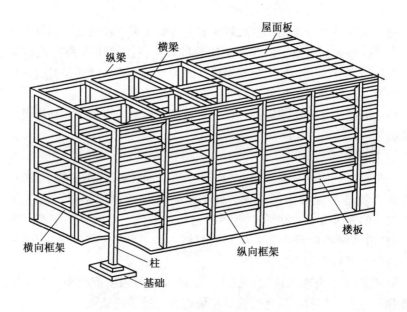

图1-3　钢筋混凝土框架结构示意图

建（构）筑物结构有不同的分类方法，可根据建（构）筑物所用材料、建造方法与倒塌形式的不同而分成不同建（构）筑物结构类型。

（一）按建（构）筑物材料分类

1. 钢筋混凝土结构

钢筋混凝土结构是指用现浇或预制钢筋混凝土构件建造而成的结构，一般可分为钢筋混凝土框架结构、钢筋混凝土框架剪力墙结构和钢筋混凝土剪力墙结构三种。

钢筋混凝土结构是当今建筑工程中应用最多的一种结构。在民用建筑中，它不仅广泛用作混合结构房屋的楼盖、屋盖，还大量用于建造多层与高层房屋，如住宅、旅馆、办公楼等；也多用于建造大跨度房屋，如会堂、剧院、展览馆等。工业建筑中的单层与多层厂房以及烟囱、水塔、水池等特种结构大都是钢筋混凝土结构。此外，还可用来建造地下结构、桥梁、隧道、水坝、海港以及各种国防工程。

钢筋混凝土由钢筋和混凝土两种材料组成。混凝土抗压强度较高而抗拉强度很低。钢材的抗压和抗拉强度都很高。把混凝土和钢筋两种材料结合在一起共同工作，合理地利用混凝土和钢筋的力学性能，使混凝土主要承受压力，钢筋主要承受拉力。

钢筋和混凝土这两种物理、力学性能不同的材料能有效地结合在一起，主要是因为：一是钢筋与混凝土之间存在着良好的黏结力，使两者能牢固地结合在一起，保证在荷载作用下钢筋与相邻的混凝土能够共同变形；二是钢筋与混凝土材料的线膨胀系数接近，温度变化时不会产生较大的相对变形，使黏结力免遭破坏；三是混凝土保护钢筋，使钢筋不易锈蚀。

钢筋混凝土结构有以下优点：

（1）耐久性好。混凝土的强度随时间增长而增加，在混凝土的保护下，钢筋在正常情况下不易锈蚀，所以钢筋混凝土结构比其他结构耐久性好。

（2）整体性好。钢筋混凝土结构具有良好的整体性，从而具有良好的抗震性能。

（3）耐火性好。由于混凝土导热性能较差，发生火灾时，被混凝土保护的钢筋不会很快达到软化温度而导致结构破坏，其耐火性能比钢结构好。

当然，钢筋混凝土也存在缺点：一是自重大，对大跨度结构、高层建筑和抗震结构都不利；二是现浇钢筋混凝土结构费工、费模板，施工工期长；三是抗裂、隔热性能较差以及补强修复比较困难等。

2. 砌体结构与砖混结构

砌体结构是用砖、各种砌块以及石料等块材通过砂浆砌筑而成的结构。

砌体结构的主要优点是易于就地取材，节约水泥、钢材和木材，造价低廉，具有良好的耐火性、耐久性和较好的保温隔热性。砌体结构的主要缺点是强度低、自重大、砌筑工程量大、抗震性能差。

由于砌体的抗拉、抗弯、抗剪强度远比其抗压强度低，所以一般都用砌体做房屋的基础、墙和柱等构件，而屋盖则用钢筋混凝土构件。屋盖除用钢筋混凝土构件外，还可用钢屋盖和木屋盖。这种由多种材料混合建造的结构，称为混合结构，因为是以砖墙（柱）为主体，又称为砖混结构。砖混结构主要应用于7层以下的住宅、办公楼和教学楼等民用房屋，影剧院、食堂等公共建筑，无起重设备或起重设备很小的中小型工业厂房及烟囱、水塔、料仓等建（构）筑物。

3. 钢结构

钢结构是用各种型钢通过电焊和螺栓等连接建成的结构。与其他类型的建（构）筑物结构相比，有如下特点：

（1）承载能力高而重量较轻。在建筑材料中，钢材强度最高，在同样条件下，钢结构构件截面比其他材料的构件截面小，而且自重轻。

（2）材质均匀。钢材内部组织比较接近于均质和各向同性，在应力阶段几乎是完全弹性的。

（3）钢材的塑性和韧性好。塑性好会使钢结构在一般条件下不会因超载而突然断裂；韧性好会使钢结构对动荷载的适应性增强。

（4）钢材耐热性好，耐火性差。钢材耐热而不耐高温，受100 ℃热辐射时其力学性能无多大变化，但当温度超过150 ℃时则需要采取防护措施。一旦发生火灾，温度达到500 ℃以上时，钢结构就完全丧失承载能力。

（5）钢材易锈蚀。钢材在潮湿环境中，特别是在有腐蚀介质的环境中易于锈蚀，因此维护费用高。

4. 木结构

木结构是以木材为主建成的结构。木结构的优点是易于就地取材，与其他结构相比，自重轻、制作容易和施工方便，因此木结构在房屋建筑中应用很普遍。但是，木材有天然缺陷（如木节、斜纹、裂缝等），且有易燃、易腐、易虫蛀等缺点，不适合建造重要的建（构）筑物，也不适合在高温和潮湿的环境中使用。除林区、农村和山区采用木材建筑房屋外，在城镇已很少使用。

（二）按建造方法分类

根据建（构）筑物建造方法，建（构）筑物结构可分为两大类，即框架结构和非框架结构。经验表明，根据建（构）筑物的建造方法，可以得到建（构）筑物倒塌形式的一些线索。因此，掌握建（构）筑物建造方法的知识，在判断幸存者被困位置和选择有效的营救方法时非常有用。

1. 框架结构

框架结构是指由钢或钢筋混凝土骨架形成梁和柱的建（构）筑物，其楼板和屋顶不依赖于墙体支撑。此类建筑倒塌可能限于局部，但老的混凝土结构会出现层叠（"馅饼"）式塌落，连接较差的钢结构易于倾覆。和非框架结构一样，救援队伍面临着相同的问题，需要寻找倒塌形成的生存空间。通常，一些建（构）筑物既存在非框架结构又存在框架结构；多数建（构）筑物有非承重墙体，一般建（构）筑物结构由外部承重墙和内部框架系统组成；一些建（构）筑物的屋顶和地板是木制的，而墙体为混凝土，老的砖或混凝土墙的仓库还带有木制或混凝土地板。

2. 非框架结构

非框架结构是指那些重的楼板、屋顶等由承重墙来支撑的建筑。此类结构的典型例子是砖墙加上托梁建筑和木制单元建筑。通常来讲，此类建筑不超过7层。对非框架结构的倒塌建筑进行救援比较困难、费时且危险。此类建筑大范围倒塌时给人们的印象是居住者生存的概率很小，但救援工作依然要进行，因为结构部件、坚固的物品（如机器、重的家具）或它们的联合作用也能形成一定的生存空间。

（三）按倒塌形式分类

根据建（构）筑物倒塌的规律，建（构）筑物结构类型可被分为4个独立的组，每组表现出不同的倒塌形式。

1. 轻型框架组

一般为居民住宅和不超过4层的公寓，主要用木材建造，如图1-4所示。

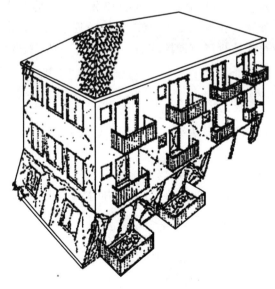

图1-4　轻型框架结构示意图

其缺点是墙和连接处的抗侧力能力较弱。对此类倒塌建（构）筑物实施救援时，应通过寻找严重断裂或倾斜的墙、偏离于地基的结构部件或多层住宅楼倾斜的第一层来检验倒塌建（构）筑物的稳定性问题。

2. 承重墙结构（无钢筋的石砌墙）组

此类建筑一般是 6 层以内的住宅、商用、工业用或者社会公共机构用建（构）筑物。它们大多是较重的石、砖砌墙和木质地板。对此类建（构）筑物实施救援时，应首先检查松动或断裂的胸墙、装饰的石材、墙和地板之间断裂的连接、断裂的墙角和未支撑的局部倒塌的楼板。

3. 重型楼板结构组

此类建（构）筑物通常为住宅、商业或者工业用房。一般为混凝土框架结构，并可达 12 层或更多层。开展救援工作前应首先通过检查下列情况来评估结构的稳定性：

（1）混凝土柱子。

（2）每层楼板断裂的柱子。

（3）邻近支撑柱上主梁的剪切破裂情况。

（4）剪力墙的破裂情况。

4. 预制混凝土结构组

此类建（构）筑物的楼板和墙体较大。预制结构建筑通常用于商业或住宅，也包括预制的便利停车场，其高度一般可达 12 层左右。此类建（构）筑物的主要弱点在楼板与墙或梁、梁与柱、柱与楼板等的连接处，对此类倒塌建（构）筑物实施救援时应首先检查严重损坏的墙体、梁与柱的连接处、破裂的枕梁、剪力墙和地板的连接处等。

四、建（构）筑物损坏分类

建（构）筑物的损坏可分为结构损坏和非结构损坏。

（一）结构损坏

结构损坏包括整个建（构）筑物结构倒塌、屋顶和墙倾斜、楼板和屋顶坍塌、一层或多层的柱子倒塌、永久性的结构横向移动、柱子或承重墙破裂、地基破裂、电梯间破裂等。

（二）非结构损坏

非结构损坏包括不显著的破裂、外墙破裂或掉落、楼梯塌落、电梯间移动、功能损坏、建筑标记物和阳台损坏等。

根据结构的损坏、局部和完全塌落情况，能区分出救援现场中经常遇到的三种主要类型的危险。

（1）掉落。部分结构构件或填充物有坠落的危险。

（2）坍塌。由破坏的结构构件形成的大量封闭空间稳定性差，有坍塌危险。

（3）其他类型。包括电、水、火、燃料泄漏、有毒气体（一氧化碳）、危险材料（石棉）等。

五、建（构）筑物倒塌形式

建（构）筑物可能会以不同的形式倒塌，并会形成一些狭小空间和不易接近的区域。在单体建（构）筑物倒塌中，可能会遇到多种基本倒塌形式及其形成的空间。就是这些狭小空间，构成了穿越倒塌废墟的通路，也为幸存者提供了生存空间。

通常，木和砖托梁结构的建（构）筑物有以下 5 种形式的倒塌特征。

（一）层叠倒塌（"馅饼"式倒塌）

层叠倒塌的原因是承重墙体的破坏和突发的荷载作用于楼板上，如图 1－5 所示。在此种情况下，所有的楼板塌落在一起产生了叠加效果。此种倒塌使所有楼板砸向建（构）筑物基础，一般会形成一些独立的空间，因为机器和家具的存在可能会阻断叠加作用。受害者可能位于几层楼板之下或其他的地方。在救援实践中，倒塌建筑中的幸存者一般被发现于这些独立的空间中。

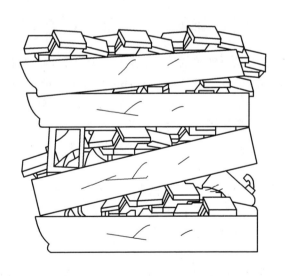

图 1－5 层叠（"馅饼"式）倒塌

处理层叠式倒塌需要复杂的搜索程序和足够长的废墟瓦砾移除操作时间。

多层砌体建（构）筑物倒塌事故中，常会出现完全塌落的楼板较紧密地堆叠在一起的现象。由此形成的空间非常有限，难以进入。

（二）有支撑的倾斜倒塌

倾斜倒塌的原因是一堵承重墙遭到破坏或梁从一侧支撑物中脱落，通常会形成一个三角形空间，如图1-6所示。

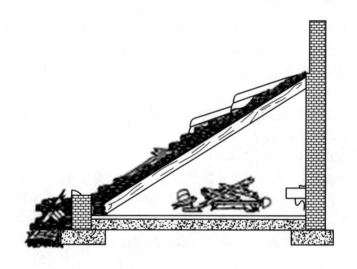

图1-6　有支撑的倾斜倒塌

梁脱落的原因：①某一外墙的墙基础破坏，使承重墙向外倾斜，或者在墙和梁的连接处，即梁的端部发生破坏；②长期的震动使梁的支撑端部因疲劳而受损等。无论哪种原因，对于有支撑的倾斜倒塌楼板而言，都可能是一端破坏而另一端被支撑物支撑住以达到稳固的状态，因为楼板塌落到机器、家具、废墟构件的顶部或下一层楼板时才会停止，此时塌落楼板的两端才有了各自的支撑，但这种支撑可能是不稳定的。

此种倒塌废墟内的受害者大多数情况下会在倾斜倒塌底部靠近支撑墙的位置，其周围是被破坏的废墟构件；受害者也可能被悬挂在高处的大型倾斜构件上，或者在倒塌楼板与下层楼板接触部位的另一侧。

（三）无支撑的倾斜倒塌

图1-7所示是最不稳定和最具危险性的倒塌类型，其破坏原因与很多有支撑的倾斜倒塌形式相同。然而，对于无支撑的倒塌，楼板遭破坏的一端是处于没

有物体支撑的悬臂状态，另一端与附着的墙或梁形成了一个不稳定的整体。另外，楼板被撑、挂在电缆和垂直的管道上的情形也不少见。对于此种情形，救援人员必须立即采取措施消除危险，因为即使很轻微的外部冲击力也可能导致二次倒塌，使废墟中的救援人员面临生命危险。在无支撑的倾斜倒塌现场进行搜索、营救操作前，必须首先进行保证安全的支撑稳固作业。

图 1 – 7   无支撑的倾斜倒塌

此种倒塌中的幸存者可能位于无支撑楼板下靠近墙或承重墙的一侧，或悬挂于倾斜构件上。

（四）"V"形倒塌

"V"形倒塌是某层楼板由于中心部位的支撑损坏或楼板超载造成中间部位断裂而造成的塌落。例如柱破坏、内部梁或拱门分离时，塌落的楼板中部止落于下层楼板上，此时楼板与外墙还有连接，则形成了一个"V"形，如图 1 – 8 所示。

楼下的受害者可能位于"V"形两翼之下的空间 1~2 m 内，具有较高的生存率，其原因在于倒塌的楼板形成了一道屏障，使废墟构件不会落在受害者身上；而在倒塌楼板上面的受害者通常会在"V"形两翼的中下部，并被塌落的大量瓦砾压埋，其生还的可能性不大。

图 1-8 "V"形倒塌

（五）"A"形倒塌

当楼板从外承重墙分离但被一个或多个内承重墙、非承重隔离墙所支撑就有可能形成"A"形倒塌，如图 1-9 所示。其原因可能是由于基础部分破坏而导致墙体向外倾斜。如果建筑物基础的连接部位存在孔洞或严重的水浸泡破坏，则可产生此种倒塌。

图 1-9 "A"形倒塌

受陷于此种类型倒塌废墟的受害者，通常在倒塌中部的隔离墙附近，具有较高的存活率；而楼上的被困人员，会在靠近两边的外墙处被瓦砾压住，存活率较低。

图 1-10 呈现了一座倒塌废墟中的多种形式倒塌。

①—有支撑的倾斜倒塌；②—层叠倒塌；③—空间；④—上部楼板全部倒塌；
⑤—上部楼板部分倒塌，且有水的危害；⑥—"V"形倒塌；⑦—局部倒塌；
⑧—未破坏的房间；⑨—屋顶塌落；⑩—外部废墟瓦砾；
⑪—地下室的窗子（可进入点）；⑫—外墙完全倒塌

图 1-10　多种形式的倒塌共存

第二节　危险化学品基础知识

一、危险化学品的分类

化学品是指各种元素组成的纯净物和混合物，包括天然的化学品和人造的化学品。美国化学文摘社（CAS）注册的化学物质已超过 1.5 亿个，其中已作为商品上市的有10余万种，经常使用的有7万多种，每年全世界新出现化学品有1000多种。中国环境保护部2013年发布的《中国现有化学物质名录》收录的化学物质（指为了商业目的在中国境内生产、加工、使用、销售或进口的化学物质）总计45612种，并不断增补，截至2021年6月共记录46237种化学物质。

危险化学品是我国专有的概念，《危险化学品安全管理条例》第三条指出，"本条例所称危险化学品，是指具有毒害、腐蚀、爆炸、燃烧、助燃等性质，对人体、设施、环境具有危害的剧毒化学品和其他化学品。"

我国对危险化学品采用目录式管理，《危险化学品目录》由国务院安全生产监督管理部门会同国务院工业和信息化、公安、环境保护、卫生、质量监督检验检疫、交通运输、铁路、民用航空、农业主管部门，根据化学品危险特性的鉴别和分类标准确定、公布，并适时调整。《危险化学品目录》（2015版）共收录危险化学品2828条目，并给出了危险化学品的确定原则，其具体分类、鉴别要求和标签规范依据《化学品分类和标签规范》（GB 30000—2013）执行，从下列危险和危害特性类别中确定。

1. 物理危险类

包括爆炸物、易燃气体、气溶胶（又称气雾剂）、氧化性气体、加压气体、易燃液体、易燃固体、自反应物质和混合物、自燃液体、自燃固体、自热物质和混合物、遇水放出易燃气体的物质和混合物、氧化性液体、氧化性固体、有机过氧化物、金属腐蚀物共16类。

2. 健康危害类

包括急性毒性、皮肤腐蚀/刺激、严重眼损伤/眼刺激、呼吸道或皮肤致敏、生殖细胞致突变性、致癌性、生殖毒性、特异性靶器官毒性－一次接触、特异性靶器官毒性－反复接触、吸入危害共10类。

3. 环境危害类

包括危害水生环境－急性危害、危害水生环境－长期危害、危害臭氧层3类。

二、危险化学品常见危害特性

1. 易燃性

危险化学品的易燃特性主要表现为火灾、闪火、闪爆等形式，伤害模式主要为热辐射。由于危险化学品燃烧或不完全燃烧过程往往伴随大量毒害物质释放，人员伤害形式除烧伤、灼伤外还包括中毒和窒息。

2. 爆炸性

爆炸是一种能量的快速释放过程，包括物理爆炸和化学爆炸两个大类。

（1）物理爆炸。置于压力容器、密封容器中的加压气体可能导致容器的物理爆炸，这主要是由于压力容器特定情况下由于压力升高导致严重超压直至发生破裂，主要伤害模式为冲击波和破片。

（2）化学爆炸。化学爆炸又包括蒸气云爆炸、粉尘爆炸、爆炸物爆轰等类型，主要伤害模式为热辐射、热传导、冲击波和破片。

易燃气体、低沸点易挥发易燃液体等若泄漏，则可以发生蒸气云爆炸（VCE），产生多种破坏效应，如冲击波超压、热辐射、破片作用等。若易燃气体液化储存在压力容器中，则可发生沸腾液体扩展蒸气爆炸（BLEVE），可见于气瓶、卧式储罐或球形储罐被外部火灾烘烤的情况，爆炸会产生巨大的火球，后果极其严重。

粉尘爆炸，指可燃粉尘在受限空间内与空气混合形成的粉尘云，在点火源作用下，形成的粉尘空气混合物快速燃烧，并引起温度压力急骤升高的化学反应。粉尘爆炸的特点是往往会形成二次或多次爆炸，主要伤害因素为冲击波、热辐射。

具有爆炸特性的化学品、民用爆炸物、火炸药等均可发生爆轰，传播速度相对燃烧更快速，液相和固相的爆轰系统一般称为炸药。爆轰的破坏性极强，主要伤害因素为冲击波。

3. 毒性

毒性包括急性毒性、皮肤腐蚀/刺激等10个类别，其中对人生命威胁最严重的为急性毒性。急性毒性通常以半数致死剂量或半数致死浓度（LD50/LC50）等实验结果进行表征。人体吸入、食入或接触有毒有害化学品或者化学品反应的产物，则可能导致中毒和窒息事故发生。

4. 腐蚀性

腐蚀品包括酸性腐蚀品、碱性腐蚀品和其他不显酸碱性的腐蚀品。腐蚀性危化品意外地与人体接触，在短时间内即在人体被接触表面发生化学反应，造成明显灼伤和破坏。不同于物理灼伤，化学灼伤有一个化学反应过程，开始并不感到疼痛，要经过几分钟，几小时甚至几天才表现出严重的伤害，并且伤害还会不断地加深，因此危害往往更大。

5. 其他危险性

其他常见的危险特性还包括氧化性、自反应性、自燃性、自热性、遇水放出易燃气体等，若处置不当，均可能对救援人员生命安全造成威胁。

三、避免搜救中的危险化学品伤害

在建筑物倒塌搜救中，救援人员需要时刻注意防范危险化学品可能造成的伤害。救援处置前及处置过程中，救援人员可以通过预判、问询、辨识、测试、感知等方式，大致排除常见有毒有害和易燃易爆危险化学品存在的可能。

1. 预判

搜救人员在前往救援现场前，应对倒塌建筑物的性质、可能存在的危险物质进行预判。例如，危险化学品生产、储存、使用企业，危险废物处置企业，烟花爆竹企业，民爆企业等往往都会有大量危险化学品储存，应由专业的危险化学品应急处置人员协同配合开展处置工作。金属冶炼、电子化学、机械加工、日化生产、电镀喷漆、污水处理、危险废物处置、自来水净化等企业，以及涉及大型冷库的物流运输、粮食加工、食品处理等企业，都可能涉及一定量的易燃易爆或有毒有害物质。饭店、民居、食堂等单位建筑还可能使用燃气等，需要注意防爆。

2. 问询

救援开展前，尽可能询问倒塌建筑物的相关管理人员或知情人员，了解建筑此前的用途和曾经存放的物质，确定是否曾经有危险化学品存放；判断建筑物内是否有燃气罐、燃气管道，确此区域的燃气管道总阀已处于关闭状态。

3. 辨识

救援过程中，应时刻注意观察是否有可疑的容器或包装物，尤其需要关注气瓶、各类管道及贴有警示标签的容器或包装物。部分常见的警示标签及含义见表1-4。一旦发现此类警示标志，应立即撤离并请专业危险化学品处置人员展开处置。

表1-4　各类常见危险化学品警示标签

类　别	图　形	类　别	图　形
爆炸物		易燃/自燃物质	

表1-4（续）

类　别	图　形	类　别	图　形
氧化性物质		加压气体	
金属腐蚀性/皮肤腐蚀刺激/眼损伤刺激类物质		急性毒性物质	
吸道损伤/皮肤致敏/生殖毒性/吸入性危害/突变性/致癌类物质		环境危害类物质	

4. 测试

救援人员在救援处置过程中可随身携带便携式气体检测仪器，有条件的情况下，应同时携带不同类型或具备复合功能的检测仪器，具备测试氧气含量、可燃气体浓度、毒性气体浓度等功能。一旦检测设备发生报警，应立刻撤离现场。

5. 感知

在救援过程中，若救援人员有如下任何不适症状，应立刻撤离救援现场并尽快就医：闻到刺激性异味、眼口鼻咽喉有刺激感、头昏、恶心、胸闷、乏力、视觉模糊、心悸、皮肤化学灼伤以及其他任何可疑症状。

以上5种鉴别方式仅仅是简易的危险化学品初步识别判断的方法。由于危险化学品的种类繁多、特性各异，其辨识和鉴定需要由具备专业知识的检验人员，借助专业鉴定设备器材方可完成。随着科技不断进步，每年都有上千种新型化学品出现，其危险特性的鉴别也不能仅依靠经验判断。因此建筑物倒塌搜救过程中，救援人员一定要注重自身安全防护；若发现任何疑似涉及危险化学品的物质、容器，或无法确认、难以判断的，应立即撤离保障自身安全。同时，寻求专业的危险化学品鉴定人员及应急处置人员开展检测和处置，切勿盲目施救，以免造成二次伤害。

第三节　搜救行动现场管理

搜救行动现场管理是搜救行动中的重要组成部分。管理成效的好坏直接关系到搜救人员、周围群众和被困人员的安全，也影响搜救行动的效率。搜救队伍要根据行动现场管理的目标，从到达灾害事故现场开始直到撤离现场，始终保持对搜救行动全过程全方位的管理。通过本章节的学习，希望能够使搜救人员了解如何在保证安全的前提下开展行动现场管理，以确保科学、有序、高效地完成搜救任务。

一、搜救行动现场管理目标

由于建筑物倒塌现场情况复杂多变，搜救人员可能面临建筑物倒塌风险、受困者位置不明、周围群众情绪激动等诸多不利因素，属地应急资源不足，应急管理部门、响应队伍之间缺乏系统性沟通，也会给搜救行动带来不同程度的困难。明确行动现场管理的目标，采取有效的管理方法和手段，可以帮助队伍在搜救行动现场最大限度地发挥作用。

搜救行动现场管理的目标：

（1）确保搜救人员和其他相关人员的安全。

（2）使抵达灾害事故现场的各个部门和群体协同工作，提高效率。

（3）使搜救行动效益最大化，尽可能降低灾害或事故造成的人民生命财产损失。

二、搜救行动现场管理原则

（一）安全原则

安全管理贯穿整个搜救行动全过程，要有专门人员负责安全管理事宜，确保操作规程的遵守和安全措施的落实。

（二）协同原则

灾害事故现场往往会有不同单位和群体参与搜救工作，协同工作有助于提升效率。协同工作包括：

（1）服从应急管理部门和现场指挥部的指挥调度，有序开展工作。

（2）确保队伍内部、队伍与当地应急管理部门、现场指挥部、其他应急响应力量之间信息共享和沟通。注意，应使用规范、清晰、有助于沟通和达成共识的常见术语，以确保有效联络，沟通顺畅。

（3）根据灾害事故的评估结果，快速识别和确定行动所需资源和现有资源情况，充分合理地进行资源的组织、管理和协调，最大化发挥资源的作用。

（三）科学原则

全面了解和评估搜救工作可能涉及的对象以及周围环境的安全性、稳定性因素，以及现场搜救行动所需要的资源，全面综合评估风险，按照必要的程序和流程，科学地开展搜救行动。

由于搜救行动并非在正常、安全的环境中进行，盲目地追求快速和高效可能会适得其反，搜救行动现场须客观评估行动的风险效益比，在确保自身安全的前提下，做出科学合理的决策。

（四）医疗原则

医疗贯穿整个搜救行动全过程。搜救队需要有专门的医疗人员，在搜救行动全程监控管理队员的身体健康状况，处理队员的疾病和意外受伤，保障搜救队员良好的身体状态；同时全程关注遇险受灾人员中的伤患，给予必要的应急医疗处置和心理支持，尽可能挽救更多的生命。

三、搜救行动现场管理措施

搜救行动现场管理措施包括信息管理、报备管理、人员管理、工作场地分区管理、搜救行动计划管理、搜救行动小组现场管理、搜救现场通信管理、装备和物资管理、卫生防疫管理、餐饮供给和安全管理等。

（一）信息管理

1. 信息收集、核实与动态跟踪

搜救队伍应建立后方信息平台的工作规范和岗位管理制度，在灾害事故发生后第一时间收集灾害事故地区的基本信息、灾情动态和求助信息等，按照工作规范对信息进行精简、核实和甄别，确保信息的准确性、真实性和时效性。同时，专人专岗负责制信息的处理、提交、存档。对于灾情动态、求助信息、行动进展等信息实时动态跟踪和更新。

2. 后方平台信息分析和研判

搜救队伍应建立信息分析和研判机制。为队伍在现场搜救行动提供信息支持和决策建议，包括出队规模、安全形势、搜救持续时间、资源情况、搜索营救策略等。

3. 行动现场信息收集

搜救队伍抵达灾害或事故现场指挥部报备和领取任务后，应第一时间收集有关搜救行动现场的信息，包括：

（1）应急管理部门和现场指挥部发布的灾情或事故信息、工作计划、任务区域划分、指挥部通联方式及附近其他队伍任务和分布情况，行动现场的道路、通信、供电供水等情况，周边的地形图，灾害或事故点的建筑平面图，周边风险点和危险源，当地社情民风，以及附近医疗机构、向导、后勤补给等相关资源情况。

（2）任务工作区域的方位、边界划分、工作区域内建筑物的数量、分布、结构类型、层数、建筑物的破坏程度、破坏类型、存在危险源的种类、数量和位置。

（3）关于建筑物的用途、居住情况、建筑物倒塌时的人员的人数、失踪人员可能被困的位置和有关被困人员的求助信息等。

（4）现场可用调度协同的资源，包括可用的人员、装备、设施等。

4. 关键信息发布和报告

搜救队伍应在规范信息工作的基础上，建立关键信息的审核、发布和报告机制。对于涉及搜救行动安全、搜救人员安全、搜救重要线索等的关键信息，进行快速核实、专岗审核，按照搜救现场指挥部的要求，进行信息的共享、发布和通报。

（二）报备管理

队伍报备管理包括出发和抵达报备、行动结束撤离报备。

1. 出发和抵达报备

搜救队伍在出发前，需向队伍属地上级主管部门和事故现场的应急管理部门报备；抵达事发地后，应立即向事故灾害处置现场指挥部报到，提交队伍介绍信、出队规模、装备清单、搜救能力介绍（包括人员组成、装备配置情况以及对应的搜救能力），接受现场指挥部的统一指挥和调度，经批准后按指令有序进入搜救现场。

2. 行动结束撤离报备

搜救队伍完成指挥部布置的工作任务后或因故撤离，需向现场指挥部报备，并将相关行动成果如实、准确地向指挥部汇报。

（三）人员管理

搜救队伍应制定完善的营地和搜救作业现场的人员管理制度。包括明确的岗位职责和人员分工、人员动态管理和轮换计划。

1. 明确岗位职责和人员分工

由于社会应急力量人员组成大部分是志愿者，每次出队人员可能不同，因此应在出队前或出队时就明确本次行动的指挥架构、岗位职责、人员分工和工作流程，并向队员通报。建筑物倒塌搜救队伍行动现场队伍架构一般包含管理组、行动组和保障组，其中管理组应包含队长、安全、信息与计划岗位；行动组应包含组长、结构专家、危险品专家、搜救队员、医疗队员等岗位；保障组应包含组长、通信、后勤、医疗等岗位。

行动现场指挥架构和岗位分工可根据队伍的分级、任务情况和队员人数，适当扩展或缩减，但应涵盖和实现基本功能。

2. 人员动态管理

搜救队伍应对营区和作业现场的进出人员进行登记，填写人员去向跟踪表，对前方搜救人员实行动态跟踪和管理。

行动前、行动中和撤离时要清点人数，遵守"至少两人同行"原则，行动中任何时候应避免单独行动。

3. 人员轮换计划

除搜救行动现场要有人员轮换休息的计划，搜救队伍还要根据行动的持续时间、工作强度、天气等考虑梯队的轮换并提前做出计划，以保证队伍良好的工作状态和战斗力。

（四）工作场地分区管理

1. 工作场地的定义

工作场地简而言之，就是"任何开展重要搜救行动的场所"。重要搜救行动通常仅在被认为有可能营救出幸存者的情况下开展。

工作场地的规模可大可小，一个大的建筑物或复杂建筑群，例如医院可能被认定为一个工作场地，一个仅仅几平方米的单一搜救区域也可能被认定为是一个工作场地。

2. 工作场地分区

搜救现场指挥部应对搜救工作场地进行分区管理，并对进出场地的人员、车辆进行分级控制，可为搜救人员、周围群众和被困者创造安全的环境，避免产生危险或对搜救行动产生不必要的干扰。搜救队伍应了解工作场地的分区及分区的作用，按照分区的要求开展搜救工作。

搜救工作场地分区包括禁区、作业区、管控区、安全区，各区之间采用警戒带、障碍物加以分割，并使用明显标识物加以区分。区域之间的出入口应尽量分离，进出线路应尽量形成环线，避免线路交叉。

搜救工作场地分区管理参考如图 1－11 所示。

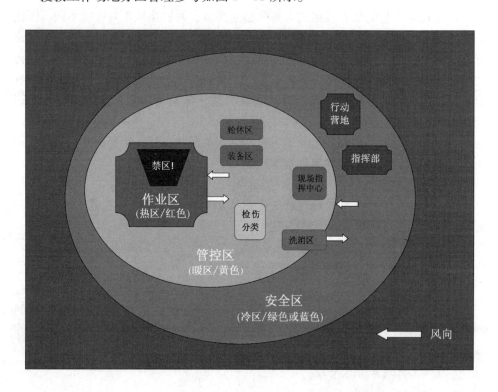

图 1－11　工作场地分区管理示意图

工作场地区域划分原则如下：

（1）禁区（黑色）：有建筑物倒塌、危险品泄漏、爆炸等风险，禁止人员进入。禁区在采取措施消除或降低风险后，可转换为工作区，只允许有特殊技能和特殊防护装备的人员进入。

（2）作业区（热区/红色）：只允许训练有素的专业搜救人员和应急专家进入开展评估和搜救工作。有疫情和危化品污染风险的区域，搜救人员须穿戴必要的防护装备方可进入。搜救人员在进入作业区域开展工作前，需提前规划进入和撤离线路，以及紧急避险区域，并约定紧急撤离信号。

（3）管控区（暖区/黄色）：管控区允许与搜救行动相关人员进出。场地出入口由专人值守，出入登记，禁止无关人员进出。现场临时指挥中心、搜救人员轮休区、装备维修区、检伤分类区经现场环境评估可设置在管控区内。

（4）安全区（冷区/绿色或蓝色）：与搜救行动现场保持有足够的安全距离，不受可能的危险源和突发事件波及。搜救行动指挥部、搜救队营区应设在安全区内。搜救人员离开有污染物、疫情传播风险的作业区、管控区返回到安全区，须采取必要的洗消，并妥善处理废料。

3. 工作场地编码

当需要在一个场地上开展重要搜救行动时，通常需要应用地理标识对这块场地进行编码。在可能的情况下，应当是已有的街道名称和建筑物编号。工作现场编码可以在分区评估的过程中完成，当地搜救指挥部也可以负责工作场地的分配。在任何情况下，每个场地都需要按照下列原则进行编码：

第一部分是场地所在区域的分区字母，如 A。工作场地通过分配数字随后依次编码，如 1、2、3 等。分区字母和分配数字组成了每块工作场地的唯一编码，如 A-1、A-2、A-3 等。假如在同一区域内有多支搜救队作业，现场指挥部会指导搜救队使用编号，例如队伍 1 用数字 1-20、队伍 2 用数字 21-40。

假如当地搜救指挥部使用不同的分区代码，例如数字，则工作场地编码的前半部分应采用规定的编码方式，在任何情况下，分区代码和场地编码间需用连字符分隔，以免混淆。

工作场地分区和编码分别如图 1-12 和图 1-13 所示。

重要说明：在分区尚未完成的情况下，推荐使用纯数字编码。一旦建立分区编码，这些数字就可以被整合进来完成工作场地编码系统。为了更好地实现编码，必须实行数字管理，例如给搜救队分配一批数字，如 1-19、20-39、40-59 等。

4. 工作场地内分场地编码

如图 1-14 所示，整个场地最初作为一个可能的搜救工作场地被编码为 B-2，但当队伍开展详细的搜索后，发现在该场地内有三个彼此独立的搜救场地。在这种情况下，每个分场地都需要进行单独编码，即保留原有场地的编码并在后面加上一个后缀字母，如 B-2a、B-2b、B-2c 等，这样每个分场地就有了自己的编码。为了更好地协调搜救工作，如准确定位、后勤保障和报告等，每个分场地拥有独立的编码显得尤为重要。在一个大的工作场地内有独立分场地的编码方法如图 1-14 所示。

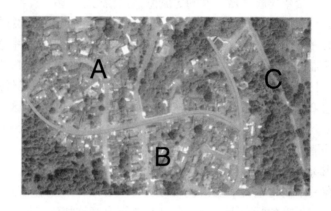

图 1 - 12 工作场地分区样例

图 1 - 13 工作场地编码样例

5. 工作场地控制

1）确定警戒范围

对于建筑倒塌事故现场，根据人工或监测仪器测定的建筑物倒塌的范围以及开展抢险搜救工作所需要的行动空间和安全要求，设置警戒范围。

2）设置警示标志

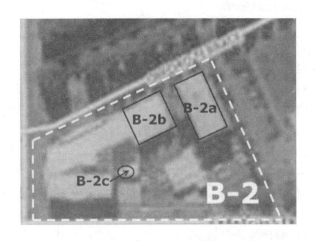

图 1 - 14　在大的工作场地内的分场地示例

　　对于有危险化学品泄漏的特殊建筑倒塌事故现场，要设置警示标志，并根据测定的可燃、有毒气体浓度及扩散区域确定警戒范围。

　　对于储存有易燃易爆物品但未发生泄漏的建筑倒塌事故现场，应根据储存物品的性质、数量以及现场情况合理确定警戒范围。

　　警戒范围宜根据搜救工作的进程或险情排除情况适时进行调整。

　　3）实施警戒

　　搜救人员进入工作场地前应在工作场地周边设置警示带，禁止非搜救人员进入，如图 1 - 15 所示方法设置警示带。

　　搜救队开展搜救行动前，应评估工作场地及周边可能存在的危险，划定危险区，如图 1 - 16 所示方法设置警示带。

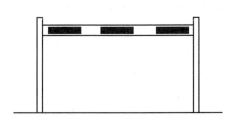

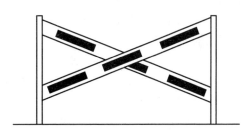

图 1 - 15　工作区警示带设置样例　　　　图 1 - 16　危险区警示带设置样例

（五）搜救行动计划管理

搜救队伍从现场指挥部领取任务后，要在收集有效信息和全面评估的基础上，制定详细可行的现场行动计划，包括突发事件下的应急处置计划和备用方案，并报告指挥部，获得批准后按计划开展行动。

现场行动指挥要确保全体人员能够完全知晓和理解行动计划的任务目标和安全事项，持续评估搜救行动的安全性和有效性，根据实际情况动态调整计划，并将调整后的计划及时通知队员和现场指挥部。

（六）搜救行动小组现场管理

搜救行动小组岗位设置应包含指挥员（组长）、安全员、医疗队员、操作员、信息员、通信员、装备员。扁平化的分组管理可以提高行动的沟通效率，每个小组人数宜在4~8人之间。组员向指挥员（组长）汇报，组长向指定的直接负责人汇报。现场管理的重点如下：

（1）每个行动小组须设安全员岗位。指挥员和安全员要佩戴明显标志。安全员有权改变、暂停或终止任何对搜救人员造成伤害的行动。

（2）行动小组进入管控区前必须穿戴完整的防护装备，采取必要的自我安全防护措施。指挥员、安全员在小组进入管控区前需对全体组员进行安全防护交叉检查。

（3）小组成员在行动全程应始终关注周围环境变化，实时监控余震和其他风险，对不稳定的建筑结构实施必要的加固和防护；对危险品进行检测和持续监测，采取措施消除或降低风险。

（4）行动小组制定现场作业方案时，要提前确定撤离路线。小组成员需熟悉和掌握紧急信号的含义和使用方法，了解紧急逃生路线和安全避险区所在位置。

（5）行动小组操作员需经过充分训练，使用前检查装备情况，按规程安全、规范操作。

（6）制定现场操作人员轮休计划，定期休息和饮食。交接班注意信息交流和行动的连贯性。

（7）制定行动队员的基础身体检查计划，并根据计划对参与搜救行动的队员和搜救犬实行定期的身体检查和跟踪管理。对受伤或生病的队员进行医疗救治或根据预案紧急撤离。

（8）行动小组应将救出的伤员及时转运。若伤员数量较多、资源不足，应根据伤员伤情程度开展检伤分类和现场救治，并应及时报告现场指挥部，获得医疗资源的支持。

（9）搜救行动现场工作任务结束后，将结果及时报告现场指挥部，经同意后清点人数，整理装备物资，快速安全撤离。

（10）根据事故灾害处置现场指挥部和当地卫生防疫管理办法的要求，行动小组应采取必要的防疫措施并进行现场作业的洗消。

（七）搜救现场通信管理

搜救现场队伍及人员众多，各种信息的交互量极大，极其依赖通信指挥网络的通畅及稳定，因此搜救现场的通信需要科学及有效的管理。通过学习通信保障管理，促使现场人员认同各搜救组织之间协同通信的重要性；遵守分级通信、定时通联、主备冗余这三个原则；并初步掌握建立远、中、近不同距离通信网络的应用方法。

1. 搜救现场协同通信的重要性

搜救现场的行动需要协同一致，因此维系各组织之间的通信显得尤为重要。通过加深搜救人员对防范失联及协同通信理念的理解，以及重点注意电子通信设备使用中容易影响通信效果的隐患点，从而减少相关人员在搜救通信行为及认识上的疏漏。

1）防范通信失联的重要性

防范通信失联是搜救行动的基础安全保障。搜救队员主动涉险进入搜救现场，除了必备的体能、技能及物资之外，通信将是维系其安全的生命纽带，也是遇险呼救的最后一道防线。

保持通信是行动队员的心理保障。搜救行动有赖于团队和组织的集体战斗，若通信失联，将使队员陷入孤军奋战的境地，无可避免地加大其心理压力，增加误判、误操作等隐患的发生概率。

2）协同行动、统一指挥调度的重要性

合理高效地调配资源有赖于通信的协同。良好的通信指挥网络，有利于通过点对多点的树状或网状指挥体系，在物资及人员紧缺的搜救现场充分发挥各部分的作用。

协同行动必须听从现场指挥部主管部门调遣，并配合相邻搜救力量。社会搜救力量进入搜救现场，因其大多不是成建制队伍，彼此之间的协同行动更有赖于现场指挥部主管部门的统筹及调遣。良好的通信网络及规则，也是获得更多行动信息及资源保障的重要途径。

2. 使用无线电通信设备的注意事项

（1）设备性能及使用方法会影响无线电通信质量。无线电通信设备应该在行动前就长期处于良好的保养及维护中，同时在使用中应注意合理的使用方法：

①保证电池电量充足及各配件无损坏；②各线缆接头接触面清洁并安装牢固；③避免折弯或遮蔽、覆盖天线；④避免在金属结构的密闭空间内使用；⑤远离其他电磁干扰源等。

（2）双方的相对位置也会影响无线电通信质量。无线电波可以参考为光线，尽管有一定的反射、绕射、透射性能，但大多数情况下还是近似直线传播，一旦中间有物体遮挡将会极大影响其通信效果。因此通信双方应该尽量在高处或开阔无遮挡的地方使用。若遮挡较多，应移动到更适合的位置，或考虑增加无线电中继或中转设备。

3. 搜救现场通信管理的原则

在杂乱的搜救现场通信中，必须将整个通信网络分级管理来防止自身信息干扰，并且通过建立定时通联制度及主备通信链路，进一步加强通信网络的稳定性及可靠性。

1）分级通信原则

现场搜救作业既要确保指挥畅通，又不能相互存在干扰，因此需要将整个通信管理划分为3个层级。本文阐述的3个通信层级包括作业信道、指挥信道及协作信道，3个级别的信道是指双方或多方的信息交互的传输路径，而实施该信道的传输路径可由多种通信设备及通信链路来执行，搜救现场通信链路分配如图1-17所示。

三个不同层级的通信信道，分别对应不同的应用场合，见表1-5。

（1）作业信道。通信层级1，指单个作业小组内的通信所用信道，仅承担近程通信。在作业信道内传输的仅为单个小组内相互作业操作所需的信息；这些操作信息量大、繁杂、描述语句不规则；无须指定信息收发双方。应用距离在几十米或几百米之内。不同的作业小组必须各自采用不同的作业信道，避免信息干扰。

（2）指挥信道。通信层级2，指单个作业小组内与本组织前线分队指挥所（帐），或者多个作业小组之间的通信所用信道，承担中近程通信。指挥信道内传输的信息以各组的信息汇报、作业进度、指挥下发指令为主；信息量大、时效要求高、描述语句需要简洁且有规则；需要指明信息收发双方。常见的应用距离在几百米到几公里，甚至几十公里。指挥信道同时承担现场紧急信息播发等重要任务，每个小组必须至少配备一名通信员时刻收听。

（3）协作信道。通信层级3，指本组织前线分队指挥所（帐）与本组织后方协作团队及现场搜救总体指挥部，或者多个不同社会力量前线分队之间的通信所用信道，承担中远程通信。协作信道根据需要传输各类支援及协作信息。信息

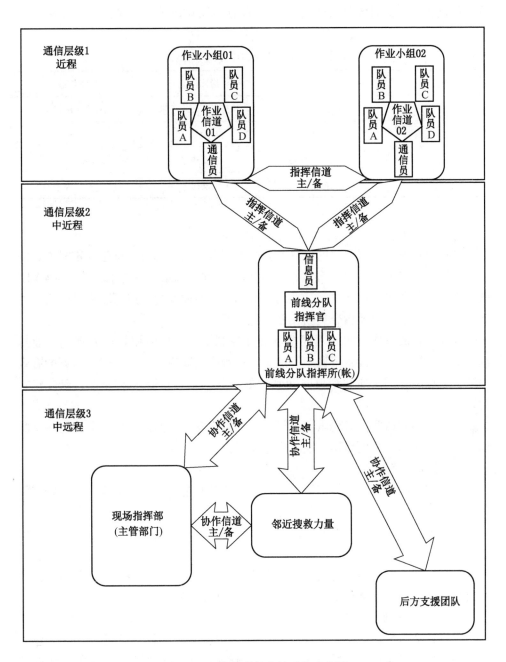

图 1-17　搜救现场分级通信示意图

量一般比较集中，时效要求稍低。三个不同层级的通信信道比较，见表1-5。

表1-5 搜救现场通信分级信道比较

项　目	作业信道	指挥信道	协作信道
应用距离	几十米～几千米	几百米～几十千米	几百米～跨省市
使用人数	较少	中等	不定
信息格式	繁杂、不规范	需要规范	不定
信息时效	随时	随时	有间隔

2）定时通联原则

在搜救现场，除了及时的信息交互之外，各个组成部分应该建立定时通联制度。前线分队指挥所（帐）与各个作业小组之间、前线分队指挥与后方协作团队及现场搜救总体指挥部之间，在约定好的固定时间间隔开启通联窗口，实施点名式的状态信息回报及指令更新，并登记在册。

通联窗口的具体时间间隔根据不同任务制定，如果因搜救任务现场作业持续、通信位置不佳、设备不稳定等因素，在当次通联窗口，未能建立双方的有效通联，应该在下一次通联窗口时间到达的时候，尽力排除影响因素，双方建立通联。

若错过多次通联窗口仍未能进行有效信息交互，应判定为该作业小组或分队已进入失联状态，从而启用相应的应急预案。

3）主备链路原则

上文阐述的3个层级的信道，各自应有主备冗余的预案，均应采取两条或两条以上的通信链路来维持信道的可靠性。

主用通信链路由常用的通信设备来实施，一般每个层级的通信信道都有1条主用链路。当主用链路出现故障或通联效果不好时，应启用备用通信链路。

备用链路一般由简单的通信设备实施，多个层级的通信信道可以共用，待主用链路恢复正常，信息需要交互时再回切到主用链路。

4. 实现分级通信的方法

尽管社会力量在搜救行动中使用的通信设备多种多样，很难统一，但建立远、中、近3级通信网络的概念是具有普遍性的，需要根据各社会力量的情况及不同通信设备的具体应用，搭建成相同或相近的分级通信指挥网络，如图1-18

所示。

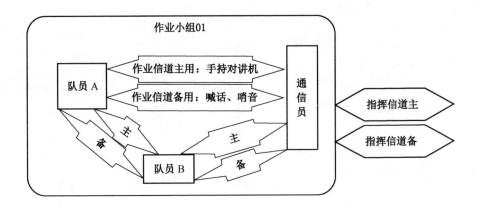

图 1 - 18　作业信道通信主备链路搭建示意图

1）建立作业信道（小组内部近程信道）

现场搜救通信的作业信道，一般以手持无线对讲机作为主用通信链路。仅在短距离内使用，所以备用通信甚至是可以用哨音、喊话等来代替，如图 1 - 19 所示。

（1）常规无线通信。在使用中，以设备轻便易于携带、不妨碍肢体活动操作为主，可以配合免提耳机麦克风等配件，进一步释放双手。在进入建筑物内部、无线电信号受到遮挡、通信效果不佳的情况下，可使用带中转功能的对讲机或者 MESH 自组网电台，通过级联的方式改善无线电通信。

（2）特殊空间有线通信。在建筑物坍塌、洞穴、钢结构建筑或船体、淹水区域等密闭空间，常规的小型无线电设备因为功率小、电磁波穿透力不足，即使只有几十米距离也可能无法正常使用。在这些电磁环境极端恶劣的场合，可采用有线通信系统，同时有线通信系统的线缆可以作为紧急撤退的路径指引，替代救生标识绳，更适用于地下室、隧道、煤矿、涵洞等密闭且无照明的搜救现场。

若是采用光纤通信系统，其线缆比传统金属线缆重量更轻、成本低，甚至支持 10 km 以上线缆长度。即使 100 ~ 200 m 长度的光纤放线绞盘也只是几千克，单兵背负进入密闭空间对体能要求不高。

2）建立指挥信道（搜救现场队伍内中近程通信）

现场搜救通信的指挥信道，承担着整个搜救现场各作业小组及前线分队指挥所（帐）之间的重要通信，如图 1 - 19 所示。

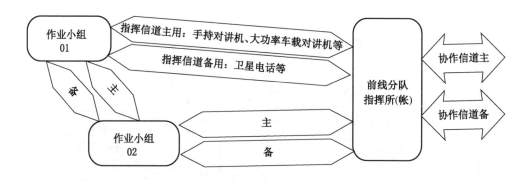

图 1-19　指挥信道通信主备链路搭建示意图

近程通常采用无线电对讲机直连通信。通常前线分队指挥所（帐）采用车载或台式等中大型对讲机并外接天线；各作业小队负责通信的队员，需要携带性能较好、功率稍大的对讲机。并且各作业小队通信员需要启用对讲机双守功能，同时收听作业信道与指挥信道（或者携带两部对讲机）；

中程可采用中继台、自组网设备等组网通信，以求无线电信号覆盖整个搜救区域，必要时也可用卫星电话等远程通信设备。

指挥信道必须遵从主备链路原则。例如在采用一般的手机（现场手机网络仍适用情况下）、对讲机、对讲机加中继台，或自组网作为主用通信链路之后，可配备卫星手持电话或其他通信设备作为备用通信链路。

3）建立协作信道（搜救现场与后方协调团队、现场指挥部及其他应急力量的中远程通信）

前线分队指挥所（帐）的选址，通常在既有利于指挥现场搜救，又便于与后方及其他搜救力量保持通信的地方。协作信道除了传输语音信息之外，也常用于传输视频、图像及数据信息，如图 1-20 所示。

主用通信链路首选熟悉的手机网络及设备（现场手机网络仍适用情况下）、卫星电话、卫星宽带等无线电设备。备用链路可以采用大功率无线电台加定向天线等方式。

（八）装备和物资管理

社会应急力量建筑物倒塌搜救队应具备为开展搜救行动提供必要的装备、物资和行动车辆保障能力，并需要对相关装备、物资、车辆进行有效的管理和监控以保证搜救行动安全。在搜救行动现场需要做到：

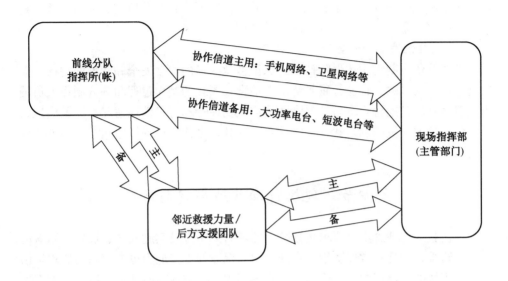

图 1-20 协作信道通信主备链路搭建示意图

（1）装备材料设存放区，专人管理，分类存放。

（2）危险化学品应单独存放，明显标识。

（3）装备和物资领用和借用需登记，对去向和使用状态实施动态管理，及时进行记录和更新。

（4）装备材料的数量和性能要能够满足现场需要，维持良好状况，以保证搜救行动的正常使用，器材使用后检查、检修。

（5）对装备、物资、耗材等使用情况和数量做到心中有数，提前预估，不足时及时补充。

（6）根据搜救行动对于车辆的要求，招募、组织和有序使用车辆。明确搜救行动中车辆驾驶员的备份制度和轮换计划并严格监督执行。制订车辆派遣管理办法、车辆及车辆驾驶员的去向跟踪表，对参与搜救行动的车辆和驾驶员实行动态跟踪和管理。应制订车辆检查和维保计划，在营地根据计划对参与行动的车辆进行定期的检查和保养。

（九）卫生防疫管理

搜救队伍应根据灾害类型制定相应的卫生防疫管理办法。根据搜救现场指挥部和卫生防疫管理办法的要求，对营区的生活垃圾、医废垃圾进行严格分类、消杀和定期处理。对于出入营区的人员实行严格的洗消，制定营区的防疫消杀计划，制定严格的搜救人员个人卫生标准并进行定期检查。队伍应提前制定搜救行动卫生防疫应急处置方案，规范应急处置程序。

（十）餐饮供给和安全管理

搜救队伍应制定餐饮保障计划，保证搜救人员的饮食安全和营养的均衡，对饮食原材料的采购、存储，餐具清洗、消毒，餐食的制作过程和餐食制作人员的个人卫生状况定期检查。后勤保障队员应根据库存和每日消耗情况，以及当地市场的供应情况，提前制定饮食采购计划，以就近采购和远程补给相结合的方式保证餐饮供给。

第四节　现场行动基地搭建与运维

现代救援的理念不仅要求救援队伍能够对受困人员实施安全、快速、高效的搜索和营救，而且对救援队伍自身的供给、保障等支持能力也有较高的要求。由于灾后现场的各种资源、设施均会受到不同程度的破坏，对外部救援人员的有关需求就难以得到保证。因此，在抵达灾害现场的当天，救援队一般都会建立自己的救援行动基地，尽可能具备在现场行动期间所需的各种保障与支撑条件，为成功救援奠定基础。

行动基地是指在救援现场建立的指挥、休整、医疗和装备、物资存放的场地，是救援队伍在灾害现场保障救援工作和救援人员生活的临时性安全场所，是队伍管理层在现场实施指挥决策的实体依托，直接和间接影响着决策的贯彻与执行，因此，对于行动基地的选址、规划、搭建、运维、撤离以及转场均应考虑周到。

一、行动基地的选址

（一）行动基地的选址方式

大规模救援行动中，会有本地或外部多支救援队伍参与救援行动。当地应急管理部门和现场行动协调中心将根据灾害状况、本地资源支持条件、救援任务的需求、救援队数量及性质等情况，首先对救援行动基地的建立进行整体规划。选择救援行动基地时应对如下内容进行评估：

（1）是否为现场行动协调中心和当地应急管理部门提供的合适地点。

（2）区域大小是否满足需求。

（3）是否有安全保障。

（4）是否靠近救援现场。

（5）基地周边交通是否通畅，进出运输路线是否快捷、安全。

（6）周围环境情况是否安全，如高空有无高压电线、相邻建（构）筑物是否稳定等。

（7）周边是否安全、有无安全保障措施，如治安是否稳定，是否有专人负责安全事宜，以及是否有突发状况时的紧急联络机构或人。

（8）周边卫生情况是否正常，如是否有疫情发生以及是否存在生物灾害。

（9）场地情况是否合适，如地形地貌是否适宜，在此建立基地所花费的时间是否足够短，有无可能在降雨后被水淹没等。

（10）是否有当地资源支持，如水源、电力、设备燃料、车辆、人力等提供的可能性等。

从近年来救援行动的现场组织情况看，行动基地的选址一般采用以下三种方式。这三种方式均应服从应急管理部门安排。

1. 集中选址

此方式是将所有参与行动的救援队伍安排在距受灾现场较近的某一安全区域，各行动基地相邻而设，现场行动协调管理机构也设立在此区域内，由当地应急管理部门集中提供燃油、生活用水等物资。

此方式适用于人员伤亡严重、受灾区域较集中且面积不大、救援队数量多且通信不畅的情况。当现场行动协调中心不能建立与多支救援队有效的通信联系时，此模式可便于救援行动的统一协调管理、信息发布和救援任务分派。其缺点是救援队伍从行动基地到达营救场地往往需花费一定的时间，尤其在没有充足的交通工具时，会使救援人员消耗无谓的体力。

2. 分散选址

此方式是一支救援队伍在执行救援任务的场地附近选择安全地点建立自己的行动基地，并储备较充足的燃油与生活用水等物资。当转移到另一相距较远的地点时，行动基地也随之移动。此模式适用于受灾地域分布广而人口聚集地较分散、救援队伍数量不多但功能齐全的情况，要求有充足的交通运输设备和有效的通信联络系统提供保障。当救援队伍之间需要相互协调援助时，其效率受限于彼此的距离。

3. 集中与分散联合选址

此方式是上述两种方式的综合，可视具体情况选择不同的方式。如一部分救援队伍集中在某一区域建立行动基地，其他则单独分散在较远的灾害场地；对于受灾害影响范围较大的大中城市，则可先划分几个灾害区域，每个区域由几支救援队伍集中在一起建立行动基地。

（二）行动基地的组成

行动基地是救援队伍在灾区的指挥和保障地，救援人员可能在此度过最多两周的时间。在此期间，行动基地应为救援行动指挥、通信联络、医疗急救、装备存放、救援人员生活等提供支持保障。

行动基地通常由基地功能区、基地设备、基地运转及保障人员三部分组成。

在行动基地内，应设置以下主要功能区：

（1）指挥通信区：救援队伍指挥部与通信中心的所在地。

（2）医疗救护区：对幸存者、救援人员进行医疗处置的地方。

（3）装备存放区：携带的全部搜索和营救装备的存放、维修、保养场所。

（4）保障（后勤）供给区：食品、水等存放、供给及加工处理的场所。

（5）救援人员集会区：救援人员集结、开会的场地，一般在基地内的空旷处。

（6）救援人员生活区：救援人员休息、住宿的地方。

（7）车辆停放区：运输车、装备车等车辆的停放地点。

（8）行动基地进出区：人员、车辆进出口，一般与车辆停放区相邻。

上述功能区的大小与分布应根据行动基地场地情况、救援队伍的具体需求进行调整或删减。

（三）行动基地的功能区布置

根据救援队伍的人员、装备、保障物资、车辆和实施行动的需要，计算各功能区的占地大小，并绘制行动基地功能区平面布置草图。在场地条件允许情况下，救援队行动基地的功能区布置如图1－21所示。

（四）行动基地设备

根据行动基地功能规划和运维的需要，行动基地设备主要由指挥通信设备、后勤保障设备、医疗洗消设备、装备维保设备四个部分组成。救援队伍应根据出队规模、基地功能和实际行动需要进行配置。

（1）指挥通信设备：包括满足前线指挥中心开展指挥协调工作的信息化办公设备，以及前线指挥中心与现场作业小组及后方指挥中心通联的有线和无线通信设备。

（2）后勤保障设备：包括满足基地正常运行的供电电力设备、照明设备、给排水设备、野炊设备、盥洗设备和垃圾收集设备。

（3）医疗洗消设备：包括满足救援队自我医疗保障的设备，与救援队分级、分类医疗能力相匹配的紧急医疗救护设备。

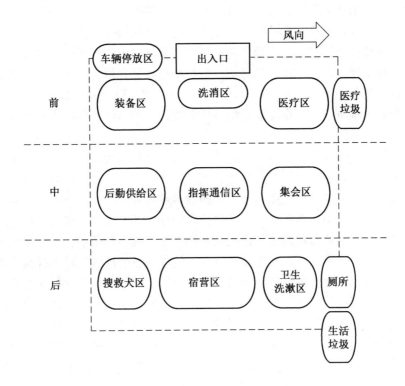

图1-21　基地的功能区布置示意图

（4）装备维保设备：包括搜索和营救中使用的通信和电力等装备的维保工具和检测设备。

二、行动基地的搭建

行动基地的搭建包括准备工作、基地的功能区建立。

（一）准备工作

行动基地搭建的准备工作开始于救援队伍决定参与救援行动后。应根据灾害现场的环境、气候和可提供的保障资源条件，以及实施救援行动的预计时间、救援人员的数量等因素，进行行动基地保障设备的配置、运输准备和基地保障人员的组织，确定并提出基地所需场地面积、进出路线与所需的当地资源等。此项工作内容一般应在救援队伍行动预案中载明，并且对有关人员进行培训和演练。

（二）基地的功能区搭建

救援队伍抵达灾区后，除及时接受任务和实施搜救行动外，还应分派部分人员根据行动基地功能区布置草图进行救援行动基地的搭建工作。

行动基地区的标记是指用警示带或绳等在基地边界进行围护，以防止无关人员随意穿越基地；而救援队伍的标记，如旗帜可悬挂在旗杆上或粘贴在基地进出口一侧的帐篷外壁上。基地区与救援队的标记工作一般在基地建立开始时进行，如场地形状不规则，亦可在功能区搭建之后进行，但要注意保持搭建过程中的安全警戒。

各功能区帐篷及其内置设备的搭建顺序可根据具体情况确定。当一个功能区搭建完成后，应在帐篷外面进行标记、编号，并注明责任人的姓名；对于救援人员生活区的帐篷，应标明在此宿营人员的姓名或编号。

在功能区设备架设安置中，通信系统除完成现场安装、调试外，还需进行功能检验工作，如检验行动基地与远程指挥协调管理机构的通信联系情况和灾区救援现场通信的有效范围，并制定异常情况下的应急通信措施。对于搜救装备，除清点、检查和合理摆放外，还应重新组装因运输而拆分的设备，补充机动设备燃料，对压缩气瓶进行充气，并建立现场搜救设备的记录档案。基地保障人员应准确了解燃料、水等现场保障资源的提供地点和时间等信息。

行动基地搭建中的另一项重要工作是建立供电系统，包括发电机、电缆、照明设备（场地和帐篷内）、电源插座的布设，估算基地照明、通信、生活供给电器及其他用电设备的功耗和使用规律，合理地选择发电机型号和数量。发电机安置后应检验其噪声对基地的影响程度，场地照明设备的安置应考虑其有效照明区域。同时须采取必要的安全用电措施。

行动基地搭建完成后，应重新修改或绘制基地平面位置图并在图上标注编号和标记，向所有救援人员说明基地布置、功能和有关责任人以及基地安全管理规定等。

三、行动基地的运维

行动基地运维是指基地建立后至基地撤离前各功能区的有效运行和维护。

（一）行动基地岗位职责

根据救援行动的需要，基地各功能区应设置专门的岗位和适当数量的值守人员，以保证现场救援期间行动基地内的各项工作有序开展。

（二）行动基地保障

行动基地保障是指为保证基地正常运转所需的支持性工作，包括基地电力供应、生活供给、基地安全、环境保护等内容，由基地保障人员负责完成。

电力供应保障人员应为通信、基地照明和生活供给等用电设备提供充足的电力，并定时检查发电机的工作状况、燃料消耗和供电线路是否损坏等情况。

生活供给是指为救援人员提供饮食、卫生、休息等方面的保障，是保证救援人员心理和身体健康及顺利实施搜救行动的关键因素。

（三）行动基地安全管理

行动基地安全是基地正常运转的基础，主要包括基地设备的使用安全和装备、物资存放区的安全。基地设备的使用安全可通过正确使用和安全巡检来保证，装备、物资存放区的安全应通过安全人员的 24 h 轮换值守来实现。基地中的高耸设备，如通信天线、旗杆、照明灯在雷雨季节应注意采取防雷措施。

第五节　心理救援基础知识

一、灾难与心理健康

灾难不仅给人类的生存和生活带来巨大的威胁，也给亲历灾难的人们带来巨大的精神痛苦。世界卫生组织在 1992 年曾就灾难带来的心理影响做出报告，其中对灾难进行了如下定义："灾难是一种大大超过个人和社会应对能力的、生态和心理方面的严重干扰。"一直以来，灾难发生后的救援行动主要是生命救援和物质援助。近 20 年来，人们已开始认识到灾难对人类的心理具有非常深刻的短期和长期影响，救援人员需要为受灾人群提供心理援助和社会性关怀，以帮助其恢复到正常的健康水平，并最终实现心灵的重建。因此，心理援助与生命救援、物质援助一样，已成为灾难救援行动中关键的一部分。

（一）灾难对个体的心理影响

灾难亲历者在面对突然而强烈的心理冲击时，往往难以运用常规的方法来应对，从而可能造成情绪、认知、行为和躯体功能的紊乱。灾难对人们心理的影响主要体现在以下方面：

（1）灾难直接威胁人们的生命。灾难发生时，人们会瞬间面临死亡的威胁，或者随时感到死亡将降临到自己身上，产生高度恐惧与焦虑的心理。

（2）灾难中的失去生命和相关物质利益损失会带给人们哀伤和丧失感。灾难中，一些亲历者可能会有重要的人离世，如自己的父母、爱人、孩子或者朋友等。重要的人突然离世会引起个体的悲伤，进而会导致持续的哀伤。另外，灾难会带来巨大的财产损失以及相关经济问题，如破产、失业、疾病、离婚、被迫搬迁等。这些丧失与重要的人离世比起来，对人们的影响似乎没有那么严重，但是会在灾难后对人们形成持续的压力，甚至会导致自杀的后果。

（3）灾难打乱了日常生活规律、破坏社会支持系统。灾难发生后，人们原有的生活规律被打乱，社会支持系统会发生巨大变化。灾后的恢复和重建导致人们日常生活面临更大的不确定性，无法按灾难前那样生活。这种变化会给个体带来新的适应问题。

每个人对于灾难的反应会受个人内因（年龄、性别、认知能力、性格特点、应对方式等）、事件性质（事件的严重程度、持续时间、影响范围）和所处环境（安全程度、资源数量、社会态度等）等多重因素的影响。在这里需要指出的是，同一个灾难对不同群体的威胁程度（暴露程度）不尽相同。例如，在地震中被埋一天以上的人更可能出现心理创伤，而对地震时刚好在空旷地方的人来说，可能只涉及焦虑或恐惧情绪。

（二）灾后常见心理健康问题

1. 心理应激反应

心理应激反应是个体面临灾难时通常会发生的身心交互反应，是个体对非正常的创伤事件的正常反应，并不需要特殊治疗。心理应激反应主要表现在以下几个方面：

（1）情绪方面。会表现出恐惧和害怕、焦虑和紧张、警觉和易怒、悲观和沮丧、失落、麻木等情况。

（2）认知方面。会出现过度理性化、强迫性回忆或健忘、不幸感或自怜、无能为力感、否认、自责或罪恶感等情况。

（3）行为方面。表现出行为退化、做事注意力不集中、骂人或打架、社交退缩、过度依赖他人、敌意或不信任他人等情况。

（4）生理方面。表现出心跳加快、呼吸困难、肌肉紧张、食欲下降、肠胃不适、腹泻、头痛、疲乏、失眠、做噩梦等情况。

经历灾难后，人们在短期内出现上述反应都是正常的。对于大部分人来说，这些反应都不会带来生活上永久或极端的影响。作为救援人员，需要及时给予当事人心理应激反应的科普知识，使其了解到自身的反应是在不正常情境下的正常反应。

2. 急性应激障碍

急性应激障碍（Acute Stress Disorder，ASD）是指当事人在经历灾难后立即表现出强烈恐惧体验的精神运动性兴奋，此时行为有一定的盲目性，或者表现出精神运动性抑制，甚至木僵。灾难经历包含自身经历死亡或重伤的威胁、目睹别人的灾难，也可能是不断地接触到灾难的恐怖细节等。在 3 ~ 30 天的时间内，当事人可能会出现以下症状：

（1）侵入性思维。如不断想起与灾难相关的痛苦回忆、经常做有关灾难的噩梦、不受控制地出现灾难恐惧的画面（闪回），以及对灾难相关信息的强烈心理痛苦或生理反应等。

（2）负面情绪。如不能体验快乐或其他人的爱等。

（3）解离症状。如将想法或记忆排除在意识之外，出现失忆，体验到自身的精神或躯体有脱离感，就好像在梦中一样等。

（4）回避症状。如回避能让人想起灾难的人、地点或场景，回避与灾难有关的提醒线索（拒绝看与灾难有关的电影、电视节目或阅读相关的信息）等。

（5）警觉症状。如失眠、易怒、过于警觉、难以集中注意力、过度的惊吓反应等。

对于急性应激障碍，救援人员需立即施以恰当的安抚和心理支持，做好当事人的保护工作，预防意外发生。同时，迅速联络和转介心理咨询和精神卫生专业人员，给予及时的治疗。

3. 创伤后应激障碍

创伤后应激障碍（Post – traumatic Stress Disorder，PTSD）是指由于灾难性心理创伤导致的延迟出现和长期持续的精神障碍。创伤后应激障碍严重损害个体的身体、心理和社会功能，甚至威胁到个体的生存。创伤后应激障碍患者中近1/3终生不愈且丧失劳动能力，1/2的患者常伴有抑郁和焦虑等情绪障碍并有药物和酒精滥用行为，更为严重的是创伤后应激障碍患者的自杀率是普通人群的5倍。创伤后应激障碍主要有以下表现：

（1）创伤性体验的反复重现。当事人的思维、记忆或梦中反复、不由自主地涌现与灾难有关的情境或内容，也可能出现严重的触景生情反应，甚至感觉灾难好像再次发生一样。

（2）持续性回避。当事人长期或持续性地极力回避与灾难经历有关的事件或情境，拒绝参加有关的活动，回避灾难的地点或与灾难有关的人或事，有些当事人甚至出现选择性遗忘，不能回忆起与灾难有关的细节。

（3）认知和心境的消极改变。感受到持续性的消极情绪，当事人会表达忧郁的想法（"我是无用的""这个世界一团糟"），会对重要的活动失去兴趣，感觉到与他人的疏离。一些人会对创伤事件的某个方面产生遗忘；一些人会变得麻木，觉得不能够体验和享受爱与快乐的感觉。

（4）过度警觉。当事人表现为易激惹、过度敏感、注意力集中困难、加剧的惊跳反应。

创伤后应激障碍一般发生于灾难后一个多月，一些灾难经历者可能在半年后或更长时间才表现出来，具有延迟性，在前期难以发现。对于救援人员来说，需要在救援后期有意识地去辨识，一旦发现当事人表现出上述某种症状，则应及时转介精神卫生专业人员，使其获得规范治疗。

4. 抑郁状态及抑郁障碍

抑郁是灾难后高发的心理障碍，受灾群体普遍呈现抑郁状态。抑郁障碍的患者表现出情绪低落，并继发整体活动水平降低，且多有复发倾向。由于抑郁障碍可能出现自伤或自杀的观念和行为，所以需高度警惕。灾后心理援助也需要高度关注并有效甄别出呈现抑郁状态和抑郁障碍的受灾群众。

抑郁状态及抑郁障碍的主要表现有心情低落、兴趣或愉快感丧失、劳累感增加和活动减少，有些人稍作活动就会有明显的倦怠。除此之外，还常见注意力下降、自我评价和自信降低、无价值感、认为前途暗淡、出现自伤或自杀的观念或行为、睡眠问题、食欲降低等。救援人员一旦发现受灾群众有上述症状时，需给予一般性社会支持，并及时转介心理卫生专业人员。

5. 物质滥用

物质滥用是指一种或多种精神活性物质的连续使用导致的躯体与精神依赖现象；依赖者会表现出多种精神病性障碍、急性或慢性药物中毒、亚临床状态等症状与体征。常见的精神活性物质包括精神兴奋剂、鸦片类物质、烟草、酒精、大麻类物质、镇静催眠剂等。灾难发生后，常见灾难经历者出现过度吸烟与饮酒等行为，并不需要特殊的干预。来自救援人员与他人的社会心理支持，对减少当事人物质滥用会有所帮助。需要注意的是，由于创伤引起的巨大精神与心理应激反应，先前不良的精神药物使用习惯，社会心理支持缺位等因素，会导致当事人长时间通过精神活性物质寻求慰藉、缓解焦虑，甚至达到物质滥用和依赖的程度，这是一个严重的病理问题。物质滥用在灾难后往往容易被忽视，需要救援人员细心探查，并及时给予心理支持，协助其重建社会支持系统，严重的需及时转介专业机构，使其获得有效治疗。

（三）灾后心理应激反应

灾难发生后，个体和群体心理应激随着时间的变化会表现出不同的特点。具体可以分为以下三个阶段：

（1）应激阶段。主要是灾难发生后的几天至一周左右，对应救灾行动中的救助时期。当个体受到外界强烈的危险信号刺激时，身体的各种资源被迅速、自动地动员起来用以应对压力。由于灾难的突发性，个体尚未来得及从理性层面思考心理上的巨大冲击，因此诸多心理问题以潜在的方式存在，或表现为一些身体症状，如头疼、发烧、虚弱、肌肉酸痛、呼吸急促、腹泻、胃部难受、没有胃口和四肢无力等症状。如不及时处理将会导致严重的心理障碍。应激阶段的第一要务是生存，人们会联合起来对抗灾难，受灾个体会和救灾人员一起营救生命和抢救财产，表现出全力以赴、乐观的特征和很多亲社会行为。

（2）冲击阶段。一般是灾难发生后的两周至半年左右，对应救灾行动中的安置时期。在这一阶段，生存已经得到保证，身体的防御反应会稳定下来，警戒反应的症状也会消失，心理应激进入抵抗期。在应激阶段，身体为了抵抗压力，在生理上做出了调整，付出了高昂代价，虽然能够很好地应付最早出现的应激源，却降低了对其他应激源的防御能力。所以在冲击阶段，各种身心疾病或心理问题会凸显出来。在灾难发生一个月内，受灾民众最为普遍的心理问题是急性应激障碍（ASD），随着时间流逝，急性应激障碍会逐渐消失，大多数经历灾难的人通过自我恢复慢慢地恢复到灾前状态。但是，有相当比例的人很难通过自身努力和社会支持系统缓解症状，反而由急性应激障碍（ASD）发展成为创伤后应激障碍（PTSD）。如果在这一时期给予及时的心理援助，将会降低心理问题恶化的概率。

（3）复原阶段。一般在灾难发生半年后，对应救灾行动中的重建时期。在这个阶段，大部分人已经恢复常态，但有一定比例的人仍可能受灾难阴影的影响，这种影响与社会已有的矛盾交织一起，会产生系列社会问题，此时需要执行长期的心理援助计划。如果压力持续出现，身体的衰竭期就会到来，持续时间可能是灾后几个月到几年。这一时期，体内的能量已耗光，紧张激素也消耗殆尽，如果没有其他缓解压力的办法，就会出现心理障碍、身体健康受损和防御能力完全崩溃的结果。灾难给人们心理造成的伤害往往是长期的。据估计，灾难之后有5%的人会终生出现创伤后应激障碍（PTSD）症状。另外，有些人的症状会在几个月甚至几年后才出现。

二、救援现场心理急救

（一）现场心理急救的基本内容

现场心理急救是为灾难中正在痛苦的人们或需要支持的人们提供人道的、支持性的帮助，主要包括满足基本生活需求，评估需求与关注问题，关怀、支持、倾听和安抚，帮助获得信息、服务与社会支持，以及防止进一步伤害。现场心理急救一般是灾难几天或几周后开展，它并非只有专业人员才能提供，也不是专业的心理咨询，并不要求分析发生了什么，也不迫使经历者讲述事件及感受。

（二）现场心理急救的基本要求

救援人员在帮助那些经历灾难的人员时，首先需要考虑被援助者的安全、尊严和权利。

（1）安全。救援行为要避免将援助对象置身于其他危险中，尽最大努力确保被援助对象的安全，避免受到身体和心理的伤害。

（2）尊严。尊重被援助对象的人身尊严，遵守其文化信仰和社会规范。

（3）权利。确保被援助对象公平享有获得帮助的途径，不被歧视，帮助其维护自身的权利和获得应有的支持，要以他人的最佳利益为行动准则。

（三）现场心理急救的方法

现场心理急救的行动原则有三条，即一看（Look）二听（Listen）三联系（Link）（又称"3L"行动原则）。工作内容包括：事前观察灾难现场的环境，在确保安全的前提下进入灾难现场；接近受灾群众，理解其需要；帮其与现实支持和信息之间建立联系。

1. 看

灾难现场充满着不确定性。在提供帮助之前，首先需要详细观察周围状况。当发现自身处在危机情境中而没有时间做准备时，"看"可以快速观察周围环境，增加从现场获得的信息，使自身感到安全，脱离焦虑情绪，进而做出冷静的判断。"看"需要重点关注以下三个方面：

（1）所处环境是否安全。即客观评估当下环境中的危险因素，是否需要进行地理上的移动，能否在不影响自身和他人生命安全的情况下开展心理急救工作。如果救援人员不能确定灾难现场的安全，无法保证自身的安全，不要盲目行动，以免增加潜在风险和造成二次伤害。

（2）是否有需要紧急救助的人。如果发现需要紧急医疗救助或缺乏基本生存保障的人，如衣不蔽体、饥饿、脱水、受伤等，首先请明确自身的能力范围，尝试提供力所能及的帮助。如果有伤员，在进行基础的处理后将其交给医疗人员或其他受过急救训练的人。

（3）受害人是否出现严重的痛苦反应。如果发现心理上遭受重大冲击、有严重的痛苦反应的人，如极度不安、极度震惊、无法独立行走、无法回应他人等，首先通过谈话、呼吸训练等方法稳定其情绪，调动其对生命的希望和对身体的掌控，待到安全的环境后，再对其心理状况进行处理。

2. 听

聆听是接近可能需要支持的人的最佳手段。询问那些需要帮助的人的需求和担心，恰当的倾听对于了解其处境和需求非常重要，有助于帮助其平静下来。

（1）接近那些可能需要支持的人。在尊重其文化背景的前提下，尊重地接近被援助者，介绍自己的名字和所属机构，询问其是否接受提供的帮助，如果条件允许，找一个安全且安静的地方交谈，使其感到舒服放松，比方说在环境允许的情况下提供一些水等。在保证安全的前提下，让被援助者远离可能发生的危险，为保证其隐私和尊严，尽量保护其免受媒体的侵扰。如果被援助者非常消极绝望，尽量保证其身边有人陪伴。

（2）询问被援助者的需求和担忧。尽管有些需求是显而易见的，如给一个衣衫褴褛的人提供毛毯或者衣物，但时刻记得去询问其需求和担忧，弄清楚对其最重要的事情，理清其最迫切的需求是什么。

（3）倾听并帮助援助者保持冷静。紧密地陪伴在被援助者身边，不要给其交谈的压力。如果援助者想表达自身的遭遇，救援人员要注意倾听；如果被援助者感到非常悲伤，帮助其保持冷静，尽量保证其不是单独一人。用眼睛、耳朵、心来倾听。眼睛可以给予被援助者全部的关注，耳朵可以真正倾听其内在的担忧，心可以带上关怀和尊重进行倾听。

3. 联系

建立联系是被援助者基本的需求。联系包括提供服务和信息，帮助被援助者处理难题，将其与亲人联系在一起，增加社会支持。具体地，有四种增强联系的方法。

（1）帮助被援助者表达出基本需求。灾难后，被援助者的正常生活节奏被打乱，短时间内无法获得以往的社会支持和联系，可能突然感到生活充满压力，感到脆弱、孤独、无力得失去信心。而让被援助者得到实际支持则是心理急救的重要部分。但是教会其如何自助和自救，通过自身的力量重新获得对生活的控制感，比起单纯地开展心理急救更为重要。灾难后常见的需求包括基本需求、特殊要求，以及需要联系失散的亲人等。基本需求，如食物、水、庇护所和卫生设施；特殊要求，如治疗、衣服、哺育婴幼儿的器具（杯子和瓶子）等。

（2）帮助被援助者解决问题。受灾难影响的被援助者会因为失去财产、亲人，身心处于混乱之中而感到焦虑、恐惧，无法冷静，救援人员需要帮助其找到最迫切的需求，对这些需求进行排序后最大限度地满足。如果在现场有援助任务能够由被援助者承担，尽量给其分配工作。对经历灾难的被援助者来说，能够在现场管理一些事情，为他人提供帮助，也能使其获得对情境的控制感，增强应对能力。在特定危机情境下，救援人员可帮助被援助者认识到当前生活中的支持力量，如目前能提供帮助的朋友或家人；还可以根据被援助者实际的建议来满足其需求，如告知其如何登记领取食物和物资；救援人员询问其过去应对困难情境的经历，并肯定其应对当前困境的能力；鼓励被援助者采取积极的应对方式，不要采取消极的应对方式，这样做有助于增强其内心的坚强和控制感。

（3）提供被援助者所需要的信息。灾难发生后，很多人急迫想要知道发生了什么事情，亲人和其他受影响的人的状况、安全问题，如何得到所需的物资和服务等信息。身处灾难中的人很难获得准确的信息，这时，救援人员应当尽量掌握周围的状况，找到获取正确信息的地方，知道何时从何地获得最新消息。在接近需要帮助的人之前，要尽可能多地获取信息，同时跟进危机状态、安全事项、可得的资源与服务，以及失踪人员和伤员的最新情况，让受害人员知道已经发生的事和未来的计划。如果有公共服务（健康服务、家庭追查、临时住所、食物配给），要让受害人员知道并能及时获得。救援现场的受害人员很难保持冷静，一方面是因其渴求信息，另一方面是对信息不信任。在提供信息后，受害人员可能会因救援人员没有为其提供预期的帮助，将其视为不安、恐惧、挫败的发泄目标，此时，救援人员要保持冷静和谅解。

（4）保持与社会支持系统的联系。社会支持程度越高的人能够越好地应对危机。因此尝试鼓励受害人员联系其社会支持系统（亲人、朋友）；帮助集合整个家庭，使孩子、父母及亲人聚在一起；帮助受害人员联系亲戚和朋友，使其得到支持，如给其家人、朋友打电话；把受影响的人聚集在一起以互相帮助，如请其帮助照看年长的人，或将无家可归的人跟其他群体成员聚在一起。

（四）现场心理急救程序及注意事项

1. 现场心理急救程序

当受害人员需要心理急救时，救援人员在开展现场急救时需要遵循一定的程序。

（1）救援人员要礼貌地观察受害人员，不要急着改变受害人员当时的状态，对其表达尊重，通过询问了解受害人员的需求并为其提供帮助。

（2）救援人员接近幸存者的最佳方式是给其提供具体的帮助（食物、水、毯子）。

（3）救援人员在观察幸存者及其家人的具体情况后，确定不因接近对其造成打扰的情况下，再接近被救助者。

（4）救援人员需做好有可能被幸存者拒绝的心理准备，也要防止幸存者过度依赖，与其讲话时应保持平静的状态，要耐心、敏感、反应灵活。

（5）救援人员要用简单的话语慢慢讲，不要用缩略语或者专业术语。如果幸存者想要讲述时，救援人员必须认真倾听。倾听时要注意其讲述的内容，以便更好地提供帮助。

（6）救援人员要积极回应幸存者，努力保持给予其足够的安全感。同时还可以为其提供有效信息，帮助幸存者厘清自身的想法和问题，提供准确的并考虑到适合其年龄的信息，有必要时加以说明。

2. 现场心理急救注意事项

（1）不要假定幸存者的经历或者遭遇。不要假设每个经历灾难的人都会受到心灵巨创，不要假设幸存者都想讲述或者需要讲述，救援人员要以一种支持、安慰的方式让那些幸存者感到安全，更能应对眼前的状况。

（2）不要用医学术语。一个经历了严重灾难的人身上会出现很多严重反应是可以理解的，救援人员注意不要使用医学术语来进行描述。

（3）不要认为这些反应就是"症状""病理""障碍""病情"等。

（4）不要以过高过大的声音或者高人一等的姿态对待当事人。

（5）不要聚焦于幸存者的无助感、无力感、错误，或者是心理、机体的失能。要关注其积极的行为举动，如幸存者帮助他人的行为。

（6）不要总是向幸存者询问事情的经过，救援人员要明确不是来听取"汇报"的。

（7）不要推测或者提供可能不准确的信息，如果不能回答幸存者的问题，需要尽可能去了解事实后再回复。

（五）如何跟幸存者交流

1. 推荐使用的语句

当灾难发生后，可以使用以下语句来安慰幸存者。

（1）对于你所经历的痛苦和危险，我感到很难过。

（2）你现在安全了（如果这个人确实是安全的）。

（3）这不是你的错。

（4）你的反应是遇到不寻常事件时的正常反应。

（5）你有这样的感觉是很正常的，是每个有类似经历的人都可能会有的。

（6）看到这些一定很令人难过。

（7）你现在的反应是很正常的。

（8）事情不会一直是这样的，它会好起来的，而你也会好起来的。

（9）你现在不应该去克制自己的情感，你要表达出来，你可以对我哭泣，可以表达复杂的情绪。

2. 严禁使用的语句

当灾难发生后，不要使用以下语言来安慰幸存者。

（1）我知道你的感觉是什么。

（2）你能活下来就是幸运的了。

（3）你是幸运的，你还有别的孩子、亲属等。

（4）你爱的人在死的时候并没有受到太多的痛苦。

（5）她（他）现在去了一个更好的地方（更快乐了）。

（6）在悲剧之外会有好事发生的。

（7）你会走出来的。

（8）不会有事的，所有的事都不会有问题的。

（9）你不应该有这种感觉。

三、救援人员心理健康维护

灾难的惨状以及救灾工作的高强度与不顺利，可能危及救援人员的健康甚至是生命。这些沉重的压力会冲击救援人员的身心，造成许多生理与心理反应。面临灾难时，这些反应均是短暂的正常反应，需要时间来慢慢抚平。救援人员可以采取一些应对策略，促进自我恢复。

（一）灾难救援现场心理健康维护

1. 灾难救援现场反应

在灾难现场，救援人员可能会有下列反应：

（1）极度疲劳、休息与睡眠不足，产生生理上的不适，如做噩梦、眩晕、呼吸困难、肠胃不适等。

（2）注意力无法集中以及记忆力减退。

（3）对于眼前所见感到麻木、没有感觉。

（4）担心自身会崩溃或无法控制自身。

（5）因为救灾不顺利而感到难过、精疲力竭，甚至生气、愤怒。

（6）过度地为受灾者的惨痛遭遇而感到悲伤、抑郁。

（7）觉得自身救灾工作做得不好，有罪恶感、内疚感。

（8）喝酒、抽烟或吃药的量比平时多很多。

2. 灾难救援现场调适

面对上述情况，救援人员可以通过以下方式进行自我心理调适：

（1）认识到所有的感觉均是正常的，在离开救灾工作岗位之前，适时地将这些感觉和救灾经验与其他救援人员分享。

（2）留意自己与伙伴是否过分疲惫，进行适当放松、休息与睡眠。

（3）即使不太想吃东西，也必须要定时定量饮食，保持体力。

（4）尽量让自己休息时的环境保持安静、舒服。

（5）多给予自己及周围伙伴鼓励，相互加油、打气，避免批评自己或其他伙伴的救灾工作。

（6）肯定自己与同伴在任何微小工作上的改进，并乐观地期待好的结果。

（7）有困难时，不要犹豫向同伴们提出，并接受他人提供的帮助与支持。

（二）救灾结束后心理健康维护

救援人员救灾工作结束后回到正常生活的状态下，需要对灾难救援期间可能产生的心理与行为影响进行处理，并做好回归正常生活的准备。

1. 安排必要的休息

救援人员在返家之后，通常都已经精疲力竭，这可能会持续好几天，因此休息很重要。

2. 调整到正常的生活节奏

灾区高度紧张的救援，可能会让救援人员自身的生活步调难以回归到正常的节奏，有些人员可能会因没有积极参与活动存在罪恶感。此时救援人员可以试着去接受较为缓慢的生活节奏。

3. 讨论灾难有关话题

当救援人员想要畅谈其所经历的灾难救援工作时，要考虑到交流对象也许并不感兴趣，此时不要以为是对自己有意见，他们只是单纯地对灾难救援不感兴趣而已。

当救援人员感到疲倦或者遭受特别创伤而不想过多地讨论灾难救援经历时，要理解他们的感受，知道他们正从灾难救援经历中恢复，没有准备好去谈论这些事情，需要保证他们的正常作息。

当救援人员感到"有时候想讨论自己的灾难救援经历，有时候又会变得不想谈论这些事情"，这是很正常的现象，却可能会让他们困惑不安。随着时间的流逝，这种交替变换的心态会逐渐减少。试着让他们理解自己，让他们周边的人也了解到这是一种正常的、自然的反应。

4. 调整情绪反应

大部分的救援人员在回家之后都会出现一些令自己惊讶的情绪反应，甚至有时候会吓到自己。如果能事先预想到某些情绪，可能会处理得更好。如果救援人员知晓以下常见的情绪反应及应对方式，则可以帮助其调整情绪反应。

（1）失望。这经常是由于救援人员所预期的返家的场面与实际的不一样，因此，尽量不要不切实际地希望有盛大的欢迎仪式。

（2）人际冲突。当救援人员本身的需求与家人、同事的需求不一致时，常会有挫折感。日常生活琐事，与灾难现场情形相比是微不足道，救援人员因此很可能低估或忽视他人的困扰，而使其受到伤害。因此，救援人员可以试着从日常生活的角度感受他人的情绪，逐渐回归日常生活。

（3）回忆诱发情绪。回家之后，救援人员的朋友、家人可能会使其联想到曾经见过的受难者，这可能会引起强烈的情绪反应，这些情绪反应不只使自己感到惊讶，也会使那些不知情的人感到惊讶与困惑。因此，救援人员要告知并帮助其他人理解这种现象（这是一种移情的现象）。

（4）心境来回转变。返家之后，心情时好时坏，摇摆不定，这是很正常的现象，也是在处理内在冲突和情感过程中的表现。随着时间流逝，这种情绪的变化将逐渐减少。

第六节　体　能　训　练

体能是救援队员在救援现场高效作业的基础，社会应急力量应重视体能训练。

一、准备活动与整理活动

准备活动又称"热身运动"，是预防训练伤病最重要、最有效的措施之一，分为全身准备活动和局部准备活动。全身准备活动、一般以动力性全身整体活动为主，主要包括跑步（慢跑、高抬腿跑、变速跑等）、跳跃（原地跳、跨步跑、蛙跳等）、体育游戏、练习性球类活动。局部准备活动是预防肌肉、韧带、关节损伤的关键环节之一，一般以静力性牵拉和动力性练习为主，主要包括转动关节（如转腰、膝，揉踝等）、动力性牵拉（如踢腿、压腿等）、静力性牵拉（如持续后扳腿）等。

整理活动又称"放松运动"，是剧烈训练后进行的系统放松活动，也是取得良好训练效果、预防训练伤病最重要、最有效的措施之一。整理活动以慢跑、调理呼吸、按摩放松肌肉为主。按摩手法包括抖动、揉捏、拍打、轻踩、牵拉等。按摩方向应与血液、淋巴液流动方向一致。

应根据季节不同灵活把控准备活动时间。天冷时可适当延长，直至身体微微发汗再进行高强度项目训练，这样可降低受伤概率。

二、训练项目

（一）5000 m 轻装跑

5000 m 轻装跑是长距离跑，通过锻炼能够提高身体耐力。

动作：身体自然放松，步幅均匀，前脚掌或前脚掌外侧先着地；上体正直或稍向前倾，两臂前后自然摆动；采用"二步一呼、二步一吸"或"一步一呼、一步一吸"的方法呼吸，在距离终点400 m左右时，应全力冲刺，直至跑过终点。

（二）俯卧撑

俯卧撑可提高上肢伸肌和躯干肌肉力量，锻炼上肢的推撑力量和胸大肌力量。

动作：左（右）脚向前一大步，两手手指向前在左（右）脚两侧着地（两手距离约与肩同宽），左（右）脚后撤伸直，两脚并齐呈俯撑，做两臂屈伸动作。屈臂时两肘内合，伸臂时两臂挺直，身体保持平直。

（三）5×10 m折返跑

5×10 m折返跑主要练习快速跑，以及改变方向后的速度和力量。

动作：起跑时屈身，两腿前后分开要弯曲，途中跑成直线要平稳，后蹬速度要快，近底线3～5 m时，身体要快速下蹲降低重心呈弓步，脚尖内扣减速急停，上体开始转向；侧身要灵活，重心要稳，转身回头后用前脚掌着地马上加速，最后肩胸撞线冲刺来抢时间。

（四）平板支撑

平板支撑是一种类似于俯卧撑的肌肉训练方法，但无须上下撑起运动，在锻炼时主要呈俯卧姿势，身体呈一线保持平衡，可以有效地锻炼腹横肌，被公认是训练核心肌群的有效方法。

动作：俯卧，双肘弯曲支撑在地面上，肩膀和肘关节垂直于地面，双脚脚尖踩地，身体离开地面，躯干伸直，头部、肩部、胯部和踝部保持在同一平面，腹肌收紧，盆底肌收紧，脊椎延长，眼睛看向地面，保持均匀呼吸。

任何时候都保持身体挺直，并尽可能长时间保持这个姿势。若要增加难度，手臂或腿可以提高。需要一个比较合适的平板，不能太硬也不能太软。肩膀在肘部上方，保持腹肌的持续收缩发力。

（五）屈腿仰卧起坐

屈腿仰卧起坐主要练习腹部肌肉以及身体的协调性。

动作：仰卧，两腿并拢，两手上举，利用腹肌收缩，两臂向前摆动，迅速呈坐姿，上体继续前屈，两手触脚面，低头；然后还原成仰卧，如此连续进行。

身体仰卧于地垫上，屈膝呈90°左右，脚部平放在地上。平地上切勿把脚部固定（例如由同伴用手按着脚踝），如果固定双脚，强壮的腿部肌群就会帮助完成仰卧起坐，从而降低了腹部肌肉的工作量。直腿的仰卧起坐会加重背部的负担，容易对背部造成损害。根据自身腹肌的力量决定双手位置，因为双手越是靠近头部，进行仰卧起坐时便会越感吃力。

初学者可以把手靠于身体两侧，当适应了或体能改善后，便可以把手交叉贴于胸前，也可以尝试把手交叉放于身体另一侧的肩膀上。千万不要把双手的手指交叉放于头后面，以免用力时拉伤颈部的肌肉，而且会降低腹部肌肉的工作量。

第二章　建筑物倒塌搜救装备与搜　救　技　术

第一节　建筑物倒塌搜救装备概述

一、基本的搜救装备类型

建筑物倒塌搜救要在复杂、恶劣和狭小的救援空间（有时需要穿过、支撑或移动质量大、强度高的钢筋混凝土、石材和钢材等建筑物构件）等危险环境下，以最短的时间搜救出失踪或被困的幸存者。因此，成功的建筑物倒塌搜救行动除了需要训练有素、经验丰富的救援人员外，还必须科学地配备适合各种建筑物倒塌搜救环境下开展紧急救援行动的搜索仪器，以及破拆、支护、移动和支撑倒塌建筑物构件所需的高效、轻便、安全可靠的搜救工具和装备。

建筑物倒塌搜救装备应满足如下基本要求：

（1）体积小、轻便，易于单兵携带。

（2）易于启动与操作，便于维护保养。

（3）应满足环保要求，避免对救援人员和被困人员造成危害。

（4）应满足多功能和节能要求。

（5）具有可靠的安全防护，防止对操作人员和被困人员造成伤害。

（6）有较好的兼容性和适用性。

（7）个人防护装备必须坚固耐用，适合在恶劣环境下使用。

（8）应具有包含搜救装备技术规格在内的操作和维护手册，对于特殊设备应由制造商或供货商提供技术培训。

（9）搜救装备包装必须满足运输和搬运要求。

建筑物倒塌搜救按照搜救装备的用途可分为侦检、搜索、营救、医疗、通信、后勤等装备；按照搜救装备动力性质可分为液压、气动、电动、机动和手动等装备。

1. 营救装备

营救装备指营救人员在实施营救行动时建立救援通道和营救空间所需要的破拆、顶撑、防护及其附属的工具和设备，如手动、机动、液压、气动、电动工具和救援绳索等。

2. 医疗装备

为医护人员提供的对被困在倒塌建筑物内伤员或已经救出伤员进行紧急处置所需的医疗器材和药品，如心脏除颤器、监控器、夹板等急救器材和麻醉、消炎药等急救药品。

3. 侦检、搜索装备

侦检、搜索装备包括以支撑建筑物技术搜索、犬搜索、有害物质侦检等为主的测绘仪器、电子仪器及其辅助设备，如 GPS、电磁波生命探测仪、氧气探测器。

4. 通信装备

通信装备包括保障现场救援人员之间通信、现场与外部（救援队和指挥部门）之间通信所需的声音、数字、图像传输设备，如无线电台、远程通信及其附属设备和工具等。

5. 后勤装备

后勤装备包括搜救和技术装备以外的救援行动、基地运行和个人防护所需的设备，如车辆、帐篷、发电机等。

二、救援装备的维护与保养

救援装备与其他装备一样，除按照装备使用说明书正确使用和维护保养外，因其直接关系救援人员和被救人员的生命安全，还必须严格执行特殊的安全操作规范。

（一）救援装备日常运转检查

（1）充电设备根据具体要求进行充电。

（2）救援车辆半个月或一个月要进行一次运转检查。

（3）救援装备半个月或一个月要进行一次运转检查。

（二）搜索、侦检仪器维护保养

常用的搜索、侦检仪器有声波/震动生命探测仪、可燃气体探测仪（图 2 -1）。

图 2-1 可燃气体探测仪

在维护保养时要注意以下问题：

（1）使用后清洁仪器表面，检查电池的电量。

（2）定期进行电池充电，检查仪器工作是否正常。

（3）长期存放时应将电池从仪器中取出。

（三）液压装备维护保养

液压装备是指液压泵（图2-2）、剪切钳等。液压管连接所使用装备上，配合扩张钳、剪切钳（图2-3）工作。

图2-2　液压泵

图2-3　剪切钳

液压泵按结构形式分为柱塞式、齿轮式和叶片式，按输出（输入）流量分为定量泵和变量泵。大多数救援工具所使用的液压泵为柱塞式液压泵，柱塞泵又分为轴向柱塞泵和径向柱塞泵两种。

（1）每次使用后应清洁设备表面、快速接头、防尘盖，扩张钳、剪切钳与不完全闭合头的距离不小于5 mm（撑杆为柱塞）。

（2）满一年或工作100 h后，检查液压泵油箱通气孔是否堵塞、启动绳是否磨损，更换内燃机润滑油、火花塞，清洁空气滤芯。

（3）液压胶管每次使用后应检查是否弯折，钢丝是否外露，是否鼓包。

（4）每次使用后应检查液压工具控制手柄是否能自动回到空挡位置，用压缩空气清洁控制手柄的内部。

（5）满一年或工作100 h后清洁液压工具控制手柄所有部件并添加润滑油。

（6）扩张钳与液压泵、液压胶管连接不上时，应检查液压泵、液压胶管和工具本身是否存有压力，快速接头是否损坏。用压阀卸掉存留的压力，更换损坏的快速接头。

（四）内燃机动装备维护保养

内燃机动装备分四冲程内燃发动机和二冲程内燃发动机，常用的四冲程内燃发动机有发电机（图2-4）、高压气瓶充气机（图2-5）、液压泵（图2-6），二冲程内燃发动机有水泥切割锯（图2-7）、机动链锯（图2-8）、无齿锯（图2-9）。

图2-4　发电机

图2-5　高压气瓶充气机

图2-6　液压泵

图2-7　水泥切割锯

图 2 - 8　机动链锯

图 2 - 9　无齿锯

1. 四冲程内燃发动机

（1）每次使用后应清洁设备，在灰尘较大的地方使用时应清洁空气滤芯。

（2）初次使用 1 个月或 20 h 后应更换发动机润滑油、火花塞，清洁空气滤芯，检查启动系统是否正常。

（3）满一年或工作 100 h 后，应更换发动机润滑油、火花塞，清洁空气滤芯。

（4）定期疏通液压泵液压油油箱盖通气孔。

2. 二冲程内燃发动机

（1）每次使用后应清洁设备及各部件，清洁空气滤芯。

（2）机动链锯应检查链条的润滑油是否缺少。机动链锯、水泥切割锯应检查链条的张紧度，无齿锯要检查三角皮带的张紧度。空转时应能轻易地来回转动链条，链条与支撑板的间隙不得少于 5 mm。

（3）汽油破碎机应检查所有外部连接处螺栓是否松动、凿头是否尖锐、凿子与破碎机连接处是否添加润滑油。

（4）每年度应更换火花塞，清洁空气滤芯。

（5）内燃发动机若不能启动，检查火花塞是否跳火花、化油器和油管是否堵塞。如果出现不跳火花或堵塞现象，则应更换火花塞，清洗化油器。

（五）气动顶升装备维护保养

（1）每次使用后应清洁设备外表面，检查减压表连接口的密封胶圈是否损坏、快速连接头是否损坏。

（2）满一年或工作 100 h 后对高压气垫（图 2 - 10）充气，检查接头处是否漏气、边缘是否出现不规则形状。

（3）清洁高压气球（图 2 - 11）连接螺栓及接口，连接螺栓要添加润滑油。

图 2 - 10　高压气垫　　　　　　　　图 2 - 11　高压气球

（六）手动、电动凿破装备维护保养

每次使用后清洁设备表面，检查凿头是否尖锐，凿子与手动、电动凿破工具连接处添加润滑油，手动和电动凿破工具分别如图 2 - 12 和图 2 - 13 所示。

图 2 - 12　手动凿破工具

图2－13 电动凿破工具

第二节 建筑物倒塌搜救现场作业评估

在建筑物倒塌搜救行动中，安全工作必须贯穿始终。在救援行动展开前或实施过程中，必须对各种安全风险进行评估，及时排除可能威胁救援人员或被困者生命安全的危险因素。

一、收集信息和快速勘查现场

（一）现场勘查

救援人员到达受灾地区后，应先向现场指挥部报到，了解当地受灾情况，领受任务，尽可能收集有关负责区域信息和被困人员的情况，并派出快速评估小组前往负责的区域进行现场勘察，包括使用无人机等进行观察和拍摄等。

（二）现场询问

向当地群众询问，以获得可能存在幸存者的详细信息。评估小组人员要充分利用这些信息和对倒塌建筑物的相关知识、经验，这有助于确定在废墟中的哪些地方可以找到被困人员。在进行勘察和询问的同时，要积极营救那些可以及时营救的被困人员。营救出被困人员后，要询问对方是否知道亲友或邻居的被困位置。每营救出一个人，无论生死、受伤与否，均要进行登记。

救援人员必须及时向队伍负责人汇报最新的勘察和调查结果，由队伍负责人向现场指挥部汇报。

二、现场安全评估

现场安全评估是通过现场实地调查、分析判断可能存在的风险种类、发生风险的可能性、可能产生的后果，采取相应措施确保救援行动安全可行。

我们应当认识到，风险总是客观存在的，世上没有绝对的安全，也没有绝对的风险。我们需要从实际出发，突出重点，正确地评估风险，采取有效、客观、科学的措施，使生命救援收益最大化。

需要特别注意的是，安全评估是一个动态的过程，随着信息的不断增加和环境的变化，风险本身也会发生变化，应持续地、动态地进行安全评估，采取相应措施或调整救援行动方案。

（一）现场安全评估的内容

（1）救援队进入工作场地前，应先向现场指挥部和群众询问工作场地及周边信息，评估工作场地及周边可能存在的危险。主要评估以下内容：①受损建（构）筑物对施救的可能影响；②危险品及危险源；③崩塌、滑坡、泥石流、洪水、台风等潜在危险因素。

（2）救援队进入工作场地前，应评估受损建（构）筑物结构。主要评估以下内容：①建（构）筑物的用途；②估计受困人数；③结构类型、层数；④承重体系、基础类型；⑤空间与通道分布；⑥倒塌类型及主要破坏部位；⑦二次倒塌风险；⑧施救可能对结构稳定性产生的影响。

（3）救援队进入工作场地前，应根据需要使用一些专业侦检设备和技术，侦检工作场地及周边的危险品和危险源。主要评估以下内容：①氧气浓度；②物质或周围空气的易燃性；③漏电情况；④毒性水平；⑤可燃性气体爆炸极限浓度；⑥放射性污染情况；⑦其他危险品。

如发现险情，应及时上报现场应急指挥部，通知供水、供电、供气部门切断倒塌建筑的水、电、气供应；通知消防人员扑灭现场火灾；发现易燃、易爆、有毒有害、危险化学品等，应协助疏散转移附近人员，并佩戴相关的防化装备，如呼吸面罩等；对可能发生倒塌的部位或邻近建筑进行必要的破拆、支撑、牵引、加固等；征求建筑结构专家和技术人员的处置意见，协同配合开展救援行动。

（二）结构定位标记

救援队进入工作场地前，应绘制工作场地草图并进行结构定位标记。应按以下方法进行结构定位标记：

1. 结构外部定位标记

结构标有地址的一侧定义为第一侧面，建（构）筑物的其他侧面从第一侧面开始沿顺时针方向计数，如图 2 - 14 所示。

2. 结构内部定位标记

建（构）筑物内部被分成若干象限。象限按字母顺序从第一侧面和第二侧面相交处顺时针标记。4 个象限相交的中心区域定义为 E 象限（也就是中心大厅），如图 2 - 15 所示。

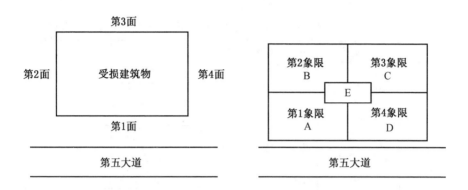

図 2 - 14　结构外部定位标记　　　図 2 - 15　结构内部定位标记

3. 建（构）筑物层数标记

多层建（构）筑物的每一层必须有一个清晰的标记，当层数从建（构）筑物外部可数出时，可不标记。层序从地面一层开始，向上依次为第二层、第三层等。相反，地面一层向下依次为地下一层、地下二层等，如图 2 - 16 所示。

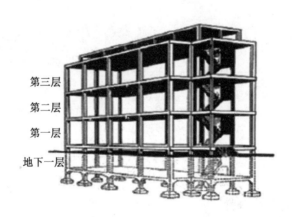

図 2 - 16　建（构）筑物层数标记

救援队可在工作场地安装结构稳定性监测和余震报警装置，重点监测余震、缓慢沉降、倒塌趋势等情况。

救援队在完成对工作场地的评估后，需根据收集到的信息详细填写评估表格（表2-1），绘制结构评估图，为后续的搜索营救行动提供安全依据。

表2-1 废墟搜救安全评估表

评 估 人			队员编号		时间	
地理位置	坐标： 度 分 秒					
建筑物基本信息	建筑物名称					
	地址					
	用途			人数		
	结构类型			承重体系		
	层数	地上： 地下：				
	基础类型	其他：				
安全评估	煤气泄漏	□有□无		危险化学品泄漏	□有□无	
	易燃、易爆	□有□无		漏电	□有□无	
	塌方	□有□无		泥石流	□有□无	
	水管破裂	□有□无		周边建筑物	□稳定□不稳定	
	其他					
结构评估图						
行动作业示意图						

三、工作场地优先分类

通过信息收集和分析，以及结合现场勘察结果，确定最有可能的营救机会，进而开展下一步搜索工作，救援队伍需要制定详细的行动计划，优先选择工作场地，尽可能多地挽救生命。工作场地优先分类基于以下步骤：

（1）确定应进行分类的区域，考虑优先分类区域的可抵达性。

（2）确定在责任区域内的部分和完全倒塌建筑，以识别潜在的工作场地。

（3）应从当地收集可排除潜在工作场地或影响工作场地分类的信息，如受困者或失踪人口的信息、建筑物信息等。

（4）确定每个潜在工作场地的类别。

（5）基于受困者或失踪人员的信息、类别和生存空间决定工作场地的优先顺序。

很多其他因素可能影响最后的优先顺序，如前往现场的必要交通工具或途径、必要的专业装备、安全和文化因素、受困者年龄、当地应急指挥部设定的优先级别、余震。

如收集到已知幸存者的任何信息，评估团队应立即向管理团队报告，以尽快调配搜救人员到达现场。评估团队向队伍管理团队报告工作场地优先分类结果。最终分类列表由救援队管理层编制并报告给当地应急指挥部。

工作场地优先选择流程如图 2-17 所示。

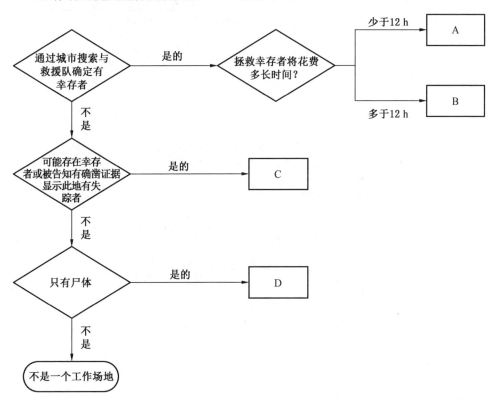

图 2-17 工作场地优先选择流程图

救援人员需在完成优先级评估后，完整详细填写评估表格（表2-2），并以此制定实施搜救行动的顺序、目标和实施方案。

表2-2　工作场地优先分类表

工作场地代码				GPS坐标			
地址							
工作场地区域描述							
队伍代码				日期			
建筑物用途							
建筑类型							
建筑面积		层数			地下室数量		
工作场地失踪人员总数					快速搜救 （优先分类）		全面搜索 （优先分类）
总人数中，已证实幸存人数							
损毁程度/%			证实幸存者		A		B
倒塌类型			未证实有大空间		C		E
是否有不常见的危险							

建筑倒塌情况：

评估工作场地可能需要的救援行动	
说明需要的主要工作	估计需要的时间、人员和设备
技术搜索	详情：
支撑技术	
破拆技术	
升举和移动	
绳索/高空作业	
医疗需求	
其他	

表2-2（续）

当地安全/安保情况：

其他信息（如工作场地发现尸体数量）：

填表人		职称/职位	

第三节　建筑物倒塌搜救现场安全防护

一、个人防护

抢险救援安全包括队伍自身安全、受困者安全和救援行动安全。救援时，要对安全评估过程中发现的各种危险因素采取必要的处置措施，工作内容包括：在可能倒塌的建（构）筑物外围设立监控警戒，防止无关人员误入；对作业区内存在的漏水漏电、可燃气体或有毒有害物质等影响救援作业安全的因素进行关堵或转移处理；对拟进入而又不稳固的废墟进行支撑加固等。应特别注意的是，如果检测发现作业区内存在放射性危险物质，人员进入作业时必须采取必要、有效的防护措施。

1. 个人防护装备

救援人员只有做好自身安全防护，才能在灾害救援行动中解救更多的受困者。因此，必须要佩戴好个人防护装备。必须按要求穿戴防护服、救援头盔、救援靴、防割手套等个人防护装备；若需进入的作业现场空气污染严重，必须携带空气呼吸器、防毒面具或防尘面罩；必要时还应对肘部、膝盖等身体部位采取针对性保护措施。个人防护装备包中应配备消毒液、创可贴等药品，确保救援人员在救援行动中的人身安全。

2. 现场安全防护

由于救援作业现场环境恶劣，持续高强度实施救援作业，有必要采取一切措施防止在作业过程中因脱水、晒伤或感染病毒受到伤害。

二、作业防护

救援队伍执行现场救援任务前，通常根据救援任务类别编组，并划分若干功能区，以保障顺利完成救援任务。防护工作内容包括：一是建立工作区，防止因无关人员进入工作区围观救援工作而分散救援人员的注意力，增加安全隐患；二是建立装备存放区，确保装备存放安全、有序，取用方便；三是建立休息区，在安全、安静的区域设立休息区，组织人员适时休息，放松身心，补充体力；四是指定队伍集结区；五是随时保持通信联系；六是医疗保障贯穿救援全过程，确保救援人员能够随时获得医疗救助。

完成现场安全评估后，制定相应的救援行动方案，是完成救援任务、保障队伍安全的前提。在行动方案中，应重点明确以下事项：

1. 安全通道

应明确安全通道的具体位置、延伸方向以及创建通道的方法手段和安全注意事项。创建安全通道应特别注意不能破坏既有的稳定支撑结构。

2. 撤离路线

紧急撤离路线的选择直接关系到救援人员的生命安全，因此在确定撤离路线时，应该充分考虑从危险区撤离至安全地点的路线上是否有影响通行的障碍、路线距离是否最短等情况，确保救援人员能够迅速脱离险境。

3. 现场安全员

为保障现场救援人员的人身安全，应设置安全员。安全员的位置设在能够通视全局、距离队长位置较近的高处，随时向队长报告险情，紧急情况下可直接发出警报。安全员监视救援现场及相邻区域发生火灾、爆炸、放射性污染、滑坡崩塌等次生灾害的迹象，必要时发出警告，采取防范措施；监视救援现场已损毁高大构筑物再次坍塌的迹象，以及相邻区域超高层损毁建（构）筑物和损毁高大建（构）筑物再次倒塌的迹象，必要时发出警告，采取防范措施；监视破拆建（构）筑物诱发坍塌的迹象，必要时发出警告，采取防范措施。

三、黑暗环境中伤员防护

救援人员在营救伤员的过程中要保护好伤员，避免其受到二次伤害，同时也要保护好伤员的隐私。如果伤员长时间受困于黑暗环境中，救出前要遮盖伤员的眼睛，避免光线直射，造成损害。

第四节　建筑物倒塌搜救队现场搜索技术

搜索是指在灾害现场通过寻访、呼叫、仪器或犬确定被困在自然空间或缝隙中幸存者的位置，并为实施有效营救提供幸存者、建筑物和危险性等信息。搜索队伍是救援队的重要组成部分，其规模视救援队承担救援任务而有所不同。

一、搜索程序与方法

（一）搜索程序

（1）救援队应根据灾情信息确定优先搜索区域。

（2）开展搜索行动前，救援队应根据工作场地评估情况制定搜索方案。搜索方案主要包括以下内容：①优先搜索区域；②确定搜索方法；③人员编组和任务分工；④搜索装备数量和性能要求；⑤搜救犬数量和状态要求；⑥后勤、通信保障和资源需求；⑦信记号规定；⑧安全区和紧急撤离路线。

（3）开展搜索行动前，应控制工作场地周边声源和振动源。

（4）搜索人员确定被困人员位置后应报告指挥员，并向营救人员说明被困人员相关信息，填写搜索情况表。

（5）确定救援方案后，填写建筑物倒塌现场作业进度表。

（二）搜索方法

搜索人员开展搜索行动时，应根据灾害现场的具体情况，综合运用人工搜索、犬搜索、仪器搜索等技术、方法，提高搜索效率，为营救行动快速、准确地提供被困人员的位置及相关信息。

根据现场情况，对建筑倒塌区域进行划分，分区分片实施搜索。搜索的重点部位是可能存在的生存空间，主要有：门道、墙角、关着未破坏的房门口；楼梯下的空间；没有完全倒塌的楼板下的空间；由家具或重型机械、预制构件支撑形成的空间；地下室和地窖等。主要搜索方法如图 2－18 所示。

1. 人工搜索

在倒塌建筑物表面或可进入的空间开展人工搜索，通过敲、喊、听、看等手段寻找和确定幸存者或被困人员的位置。在搜索过程中可直接救出的立即救出，对需移动重物或破拆等才可救出的需做标识，并立刻向救援队负责人报告。

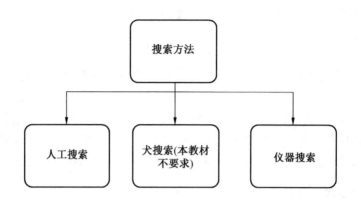

图 2-18　建筑物倒塌搜救主要搜索方法

　　人工搜索应询问知情者并核实信息，主要询问以下内容：①是否存在被困人员；②如果有被困人员，应详细了解被困人员的位置及数量；③被困人员所处位置的危险信息。

　　人工搜索可采用敲击、喊话等方式，队形宜排成"一"字形、弧形或环形，多人反复监听确认。

　　1）呼叫搜索

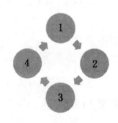

图 2-19　呼叫
搜索（4 人）

　　如图 2-19 所示，由 4 名以上搜索人员围绕搜索区等间距排列，间隔 8 m 左右，搜索区域及邻近工作区保持安静。搜索人员按顺时针方向同步向前走动，并大声喊叫（或用扩音器），"我们是救援队，你能听到吗?"，或同时连续 5 次敲击瓦砾或邻近建筑物构件。呼叫后保持安静，仔细捕捉幸存者的声音并辨别信号的方向。若不止一个搜索人员听到，可通过 3 个搜索人员判定的方向交汇确认幸存者的位置，并可配合使用监听设备。初步确定幸存者的位置后，现场做标识并在搜索区草图上标记，及时上报。

　　2）"一"字形或弧形搜索

　　如图 2-20 所示，搜索人员按"一"字形或弧形排开，平均分布（相互距离 2~5 m）并俯卧在废墟上，同步呼叫或敲打，然后保持安静，通过废墟上的孔洞或导声结构（木梁、支架、管道）仔细倾听废墟内的动静，每隔一段时间就重复呼叫，并逐步前进，直到完全覆盖废墟。

图 2 - 20　"一"字形或弧形搜索

3）环形搜索

方法同"一"字形或弧形搜索，如图 2 - 21 所示，队员间隔 2 ～ 5 m 在废墟边缘呈环形围绕，每隔一段时间就重复呼叫，一直持续到废墟中央地带。在这个过程中，救援人员相互之间的距离不断缩小。

4）空间搜索

与呼叫搜索方法不同，由若干个搜索人员以直线或网格形式，按一定顺序进入未倒塌的房间或灾害形成的空间，边呼叫边向前推进，确保全部覆盖整个搜索区域。

如图 2 - 22 所示，进入建（构）筑物后，沿墙的右侧贴墙向前搜索，一个房间一个房间地进行，直到全部房间或空间搜索完毕，再回到起点。如果搜索人员忘记或迷失方向，只需原地向后转，沿同一墙体的左侧前行即可返回进入时的位置。

5）注意事项

（1）对受破坏后怀疑承重能力减弱的楼梯、扶手或其他不稳定的瓦砾等，要评估安全性，避免受伤。

71

图 2 - 21　环形搜索

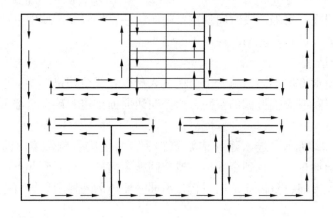

图 2 - 22　多个房间的空间搜索

（2）一般幸存者本身有能力听到或做出回应，但对无知觉或听力受限的幸存者来说，人工呼叫搜索方法可能无效。

（3）要尽量保持工作场地安静，降低噪声干扰。

（4）为了突出音节、便于理解，搜索人员呼叫语言要简洁明了，指令清晰。

（5）呼叫后要仔细倾听废墟中的动静。如有回应，可要求被困人员发出敲击信号；一旦被困人员呼叫求救或发出敲击声，就尝试用问话的方式确定其所在的位置，此外还要询问对方的状况如何，全程保持沟通，给予心理抚慰。

（6）所有搜索的相关信息均应以图、文形式记录下来并标识在建筑物上（包括找到伤员的地点、地标、危险物等），为后期安全进入、救援和撤离提供参考。

2. 犬搜索

训练有素的搜救犬能在较短时间内进行大面积搜索并有效确定被困人员的位置，但必须经过严格的选拔和训练，搜救犬和训导员需通过国家有关部门的考核认证。

犬搜索能力受环境条件（风向、湿度、温度）影响较大，为此，训导员应绘制空气流通图，指导犬搜索行进方向（犬应位于下风口），以提高搜索效果。搜索犬应每工作 30 min 休息 30 min。

犬搜索方法包括自由式搜索、验证性搜索等，在此不做具体介绍。

3. 仪器搜索

仪器搜索是指利用电子仪器搜寻被压埋在废墟下未被发现的被困人员并确定其位置，或在营救过程中通过仪器对被困人员所处环境集合成像，进而指导营救行动。

目前，仪器搜索主要采用的有声波/震动类、光学类、红外线类、电磁声波类等设备，不同设备的优缺点及使用方法如下：

1）声波/震动生命探测仪

声波/震动生命探测仪（图 2 – 23）是专门接收幸存者发出的呼救或敲击声音的监听仪器，由拾振器、接收和显示单元、信号电缆、麦克风和耳机组成。

（1）声波/震动生命探测仪操作方法：①设定搜索区域范围，设置警戒线；②对搜索区域内的人员设备进行清场，并确保在搜索区域外围 20 ~ 30 m 范围内没有明显震动源和噪声源；③连接好主机、传感器和监听耳机，进行信号接收测试；④搜索队员入场按编号顺序在区域内放置探头，注意场地安全控制，设定紧急撤离信号和线路；⑤打开主机，现场保持安静，监听接收到的探测震动信号；⑥监听器操作员根据收到的信号指挥现场队员调整传感器位置，再次静默探测；

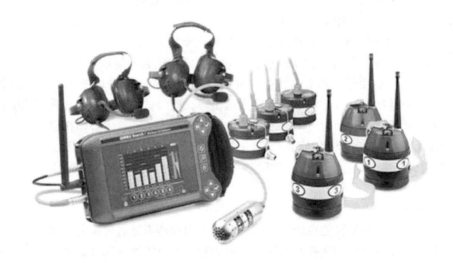

图2-23　声波/震动生命探测仪

⑦重复上述步骤，逐步逼近确定信号源地点；⑧音频通联或人工精确定位。

（2）声波/震动生命探测仪使用技巧：①联络信号。搜索时如没能直接探测到受害者发出的呼救信号（呼叫或敲击），搜索人员应直接发送给受困人员一个信号，通常采用敲击废墟表面的方式，重复敲击5次后，现场保持安静，通过仪器探测被困人员发出的回应信号。②被困人员的位置确定。如探测到被困人员的回应信号，应通过各传感器接收到的信号强弱判断被困人员位置。理论上信号最强、声音最大的那个传感器应最接近被困人员。如果必要，应将传感器重新布置，以更精确识别被困人员的位置。③传感器的安置。将所有的传感器尽量安置在相同的建筑材料上，搜索定位精度可有效提高，同时还应注意不同建筑材料和不同的结构破坏形式对声波的传播和衰减影响也不相同，因此，也不能简单地根据信号的强弱来判定受害者的位置。④在进行探测时，应选择型号、性能相同的传感器，以免出现仪器识别上的困难。

（3）声波/震动生命探测仪搜索排列：①环形排列时，将拾振器围绕在搜索区域等间隔布置，最多为6个传感器；②半环形排列时，将搜索区分成2个半环形区域，分2次搜索；③平行排列时，将搜索区分成若干个平行排列区域分别进行搜索，排列间距5~8m；④十字形排列时，在搜索区布置相互垂直的搜索排列，每条排列单独进行搜索。

（4）声波/震动生命探测仪的优点：①能收到微弱的呼救声或敲击信号；②可由其他搜索仪器进一步验证；③可用来探测气体、液体的泄漏声音。

（5）声波/震动生命探测仪的缺点：①探测不到失去知觉的幸存者；②受环境噪声影响极大；③要求被困人员发出能被识别的声音，对婴幼儿则很难；④监测范围较小，确定受困者准确位置较慢。

2）光学生命探测仪

光学生命探测仪是一种用于探测生命迹象的高科技救援仪器，如图2－24所示。利用该仪器可以直观地观察探头周围，尤其是狭小空间内的情况。有的仪器还装有麦克风，可以实现语音传输。光学生命探测仪操作方法如下：

图2－24　光学生命探测仪

（1）在搜索区域寻找适合观察内部情况的缝隙或根据预估被困人员的位置，使用冲击钻在障碍物上打出孔径合理的观测孔。操作时要注意废墟结构的稳定性和作业的安全性。

（2）从器材箱内取出监视器主体和探测软管、取景器、电池等，按照使用说明进行连接，注意查看软管有无磨损和裂缝。

（3）开启仪器时应注意仪器的安全和操作员的防护。利用塑性蛇形管，使取景器在弯曲的缝隙内通过，抵达需要观测的区域。

（4）把取景器慢慢插入搜索位置，左手握住操作杆，一边调整取景器一边进行搜索，取景器可以进行上下左右4个方向的搜索，也可进行角落搜索。

（5）光线不足时可使用取景器的光源进行照明。

图 2-25　便携式红外线
生命探测仪

（6）发现线索后，缓慢拔出取景器，开始进行人工搜救。

光学生命探测仪的优点：①直接观察被困人员的状态和所处环境；②比其他搜索方法的定位更加直观；③在营救期间可指导救援人员安全实施营救行动；④仪器操作简单、方便；⑤记录图像可远距离传输。

光学生命探测仪的缺点：①工作环境受限制，必须在直径不小于 50 mm 的孔隙或空洞作业；②如必须要钻孔，时间成本偏高；③视野有局限性。

3）便携式红外线生命探测仪

红外线生命探测仪也称热成像仪，是目前在烟雾和灰尘环境下搜索受害者唯一的仪器，如图 2-25所示。

该仪器的种类较多，其分辨率也有差别。常用的红外线仪为手持式和头盔式。搜索人员利用安装在头盔上的小型红外线仪器的热成像功能搜索被困人员或火源。

便携式红外线生命探测仪通常由救援人员手持或佩戴在头盔上，通过屏幕成像在视线环境恶劣的情况下开展搜索。操作方法如下：

（1）连接设备，打开电源。

（2）测试设备，调整焦距。

（3）设定温度范围。

（4）在保障安全的前提下，携带装备进入搜索区域。

（5）对合理距离范围的物体结构对焦后成像。

（6）对成像进行判断、定位。

便携式红外线生命探测仪的优点：既适用于地震灾害的次生灾害、烟雾较大或黑暗区域的环境搜索，也适用于烟雾环境下的大面积搜索。

便携式红外线生命探测仪的缺点：①不能穿过固体介质探测温度差；②在搜索中，除了埋在瓦砾下的人体热源是有效信号外，其他热源对其会产生较强干扰。

4）电磁波生命探测仪

电磁波生命探测仪是集雷达技术、生物医学工程技术于一体的生命探测仪器。它主要利用电磁波的反射原理，通过检测人体生命活动所引起的各种微动，从这些微动中得到呼吸、心跳的有关信息，从而辨识有无生命，如图 2 – 26 所示。

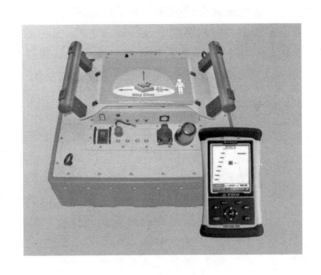

图 2 – 26　电磁波生命探测仪

电磁波生命探测仪通常由搜索人员手持，在废墟表面分区逐个放置，通过观察探测进行综合判断。操作方法如下：

（1）携带仪器进入目标搜索区域，注意保护人员、仪器安全。

（2）清空搜索区域内的人员。

（3）将仪器面向搜索区。

（4）操作人员打开主机电源，然后打开探测屏。

（5）对屏幕探测结果进行研判、定位。

电磁波生命探测仪的优点：①仪器体积小、轻便，手持移动快。②当人体静止时，仪器能够检测到呼吸和心脏跳动产生的频移。通过数据分析处理，可准确探测生命体的存在，无须和人体接触。③当人体移动时产生较强的频移，更有利于仪器确定生命体的存在。④适用于空旷场地、一定厚度的墙壁和建筑瓦砾。通过提高电磁波的发射功率，能改善穿透瓦砾堆的能力。

电磁波生命探测仪的缺点：①仪器易受环境电磁波干扰而产生判断失误；②瓦砾堆的钢筋和磁性金属含量高，会影响探测能力；③被困人员的定位精度不高，有待于进一步完善仪器的性能和积累搜索经验。

4. 综合搜索

人工搜索、犬搜索和仪器搜索的方法具有各自的特点和使用条件。因此，在进行搜索救援行动时，应根据灾害情况和环境条件确定搜索方法，综合搜索方法对复杂环境下提高搜索效率和定位精度十分必要。

综合搜索主要包括：①犬、仪器联合搜索；②人工、仪器联合搜索；③人工、犬联合搜索。

二、搜索标识和信号

1. 工作场地标记

应在工作场地前方或明显位置进行标记。应根据情况使用喷漆、建筑蜡笔、贴纸、防水卡纸等材料书写；标记大小应在 1200 mm×1000 mm 左右；标记颜色需十分醒目，与背景颜色形成反差；救援行动结束后应划横线以表示完成，示例如图 2-27 所示。

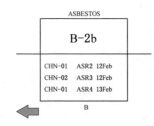

图 2-27 工作场地标记示例

2. 被困压人员标记

用于潜在或已知的不明显的伤亡人员所处的地点。当队伍（例如搜索队）不在现场，不能立刻实施救援行动时；有多起伤亡或搜索行动的具体位置不能确定时应该在靠近伤亡人员的建筑表面进行标记。根据情况使用喷漆、建筑蜡笔、贴纸、防水卡纸等材料书写；标记大小应在 500 mm 左右；标记颜色需十分醒目，与背景颜色形成反差。救援行动结束后应将标记废弃。被困人员标记如图 2-28 所示。

除非建筑中有伤亡人员存在，否则不能在标有工作场地编号的建筑前侧标记。

3. 快速清理标记系统

该系统适用于能够进行快速搜索的结构中或已确认无人员生还或仅有死亡人员的情况，还适用于已经按照上述标准完成搜索的非结构区域（如汽车、物体、建筑外、废墟等）。应在受灾区域、物体最显眼、最合理的位置上书写，以提供最强烈的视觉冲击。应根据情况使用喷漆、建筑蜡笔、贴纸、防水卡面等材料书写；标记大小约为 200 mm×200 mm；颜色应醒目，应与背景颜色形成反差。

在需要的情况下可以用箭头标明方位。	 V（带箭头）
在 V 下面可以： 用 L 表明幸存者，后接数字（例如2）表明在这个位置的幸存者人数，如 L－2、L－3 等。 用 D 表明已确认的遇难者，后接数字（例如3）表明在这个位置的遇难者人数，如 D－3、D－4 等。	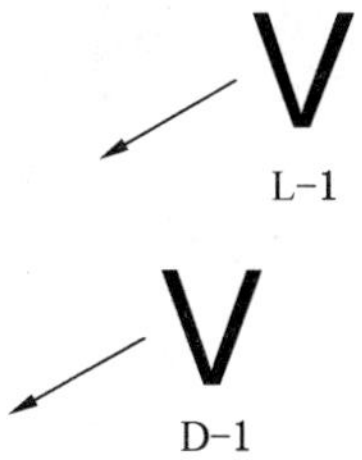 V L-1 V D-1
在救出或移出任一伤亡人员后，用斜线划去相关标记，并在其下方进行更新（如需要），例如划去 L－2，并标记 L－1 表明只有一名幸存者未被救出。	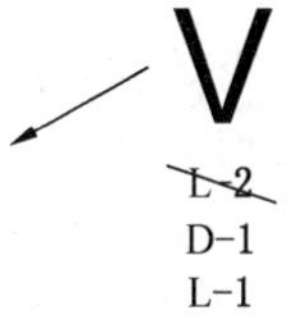 V L-2 D-1 L-1
当所有的 L 和 D 标记被划去后，代表所有已知的伤亡人员都已被救出或移出。	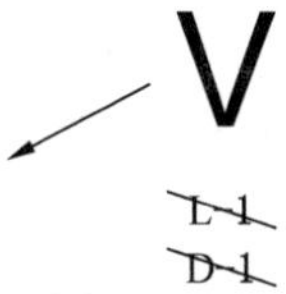 V L-1 D-1

图 2 - 28　被困人员标记

快速清理标记系统只有在可以对现场进行迅速全面的搜索或有强有力的证据证实没有生命救援可能时才能使用，标记系统的使用由搜救队伍或由当地应急指挥部做出决定。

（1）清理标记。表明该区域、结构中所有幸存者和死亡人员都已得到清理，如图 2－29 所示。

（2）只有遇难者标记。表明已完成同级别的全面搜索，现场只有遇难人员。当死亡人员遗体全部被转移后，需在原有标记旁书写"清理"标记，如图 2－30 所示。

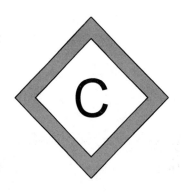

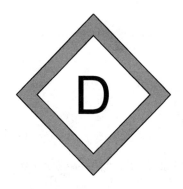

图 2 - 29　清理标记　　　　　图 2 - 30　只有遇难者标记

4. 信号

有效的紧急信号系统对保证在受灾区域执行任务的安全性是至关重要的。全部救援人员必须知晓紧急信号，紧急信号对所有的救援队伍通用，信号必须简洁清楚，队员必须能够对所有的紧急信号做出快速反应。

哨子以及其他鸣笛装置按照图 2 - 31 所示的规则发出信号。

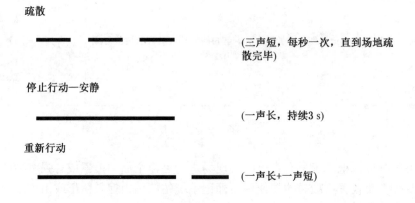

疏散

（三声短，每秒一次，直到场地疏散完毕）

停止行动—安静

（一声长，持续3 s）

重新行动

（一声长+一声短）

图 2 - 31　工作场地信号

5. 搜索图表

搜索人员应将综合搜索开展的进度和结论情况，详细填入表 2 - 3 ~ 表 2 - 5 中。

表2-3　被困人员情况记录表

日期：

姓　名		性　别			
年　龄		生　日		体重	
紧急联系人		电　话			

主观	现场：		
	症状：	过敏：	药物：
	相关病史：	上次摄入和排泄：	事件：
客观	身体检查：		

表 2-3（续）

	时间	脉搏	呼吸	血压	皮肤	体温	AVPU
生命体征							

评估和处置方案

A＝评估问题清单	A'＝预期问题	P＝处置方案

备　注

表 2-4　获救人员信息表

序号	地点	性别	年龄	救出时间	执行任务组	移交单位	伤情概况
1							
2							
3							
4							

表2-5　工 作 场 地 流 程 表

地点名称			
日期			
事件		营救时间	人员分工
展开搜索			
确定幸存者			
制定营救方案			
实施救援			现场作业示意图
步骤	1		
	2		
	3		
	4		说明：
幸存者救出			
移交			
行动结束			

第五节　现场营救基础知识

营救技术是在现场救援行动中所涉及的顶升、破拆、障碍物移除、支撑、绳索、现场急救医疗等技术的统称。救援人员在救援现场运用一系列安全、有效的技术方法和必要的装备才能将幸存者安全地从废墟中解救出来。在救援行动中，营救工作是救援队所有工作中最艰苦、危险性最大、技术难度最高的一项工作。因此，作为救援队中的营救人员，必须具备良好的心理素质、过硬的技战术能力，熟练地掌握现场营救的基本知识、原则和技能，才能在营救现场的有限资源条件下，实现对被困人员的科学、安全、高效、有序救援。现场营救技术分类如图2-32所示。

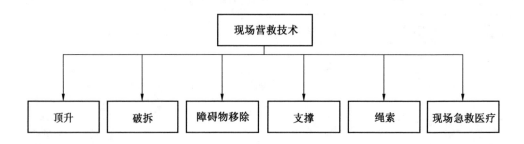

图 2 - 32　现场营救技术分类

一、营救的基本概念

1. 营救工作场地

为了安全、快速和有效地实施营救行动，营救工作场地一般应该用警示绳（带）围起来，以避免无关人员随意进入而影响营救进度和人员安全。同时，还可根据需要将场地进一步划分为：只能由实施营救的人员、医疗人员进入的"工作区"，存放营救工具、设备的"装备区"，提供操作支持的"支持区"（如木材支撑中的切割区），存放清理出的瓦砾或障碍物的"废物区"等。

2. 营救空间

建筑物在遭受破坏时，由于较大坚固构件的存在而使倒塌楼板等构件被支撑形成的区域称为"空间"。在商用建筑物中，机器、原材料或办公设备和家具往往也能产生这些空间；在住宅建筑物中，空间产生于家具和大的家居用品附近。

空间的形状、大小各种各样，主要取决于建筑物的倒塌类型。对于砖木结构的建筑物来说，倒塌基本类型主要有层叠倒塌、有支撑的倾斜倒塌、无支撑的倾斜倒塌、"V"形倒塌、"A"形倒塌五种，其形成的空间位置、形状、大小均有差别。

因空间的存在，使被困人员有幸存下来的可能，空间也因此成为现场救援行动中重要的搜索地点。无论搜索还是营救，均与空间有着密切的联系。在搜索与定位被困人员的行动中，空间是发现被困人员的重要线索；在营救工作中，潜在的压埋被困人员的空间是搜索、营救人员必须给予充分注意的区域。

3. 营救通道

营救通道是指在废墟现场连接安全区域和被困人员的自然形成的或营救人员

建立的通路空间。救援人员可借此接近被困人员，对其进行基本救治并将其移至安全区域。

由于被困人员位置和周围环境的不同，通道的形状、大小、长短、分布位置和组成的复杂程度也不同，创建通道所需的装备、人员数量、工作时间也有较大差异。营救通道可能是单一的垂直或水平通道，仅需一架折叠梯、救援三脚架或一根主绳即可实施营救，也可能由多段垂直、水平或不规则的、高低不同的通道组成，其营救方法将更加复杂。

营救通道的创建一般包括移除废墟覆盖物、直接支撑通道周围的危险废墟墙体、楼板、门窗，切割、凿破、顶升及移除通道前方的大块废墟构件障碍等。

营救通道必须是安全的。无论何种形式的通道，都应在对其稳定性、安全性进行评估后，营救人员方可进入通道进行营救工作。

4. 逃生路线与安全地带

逃生路线是指一个事先建立好的从营救工作场地通向安全区域的路线。最安全的逃生路线可能不是最直接的路线。灾害发生后，有些建筑的墙或柱仍然完好，但在余震中可能会倒塌，逃生路线是否避开这些构件应视情况而定；另一个选择就是在余震时原地不动，如果工作区域已经被安全地支撑起来了，离开反而面临一系列危险。

安全地带是指事先建立起来的安全避难场所，在那里可以远离危险。该地带可以在营救工作场地的外面，也可以在场地内的某一区域。如果安全地带在工作现场内部，那么该区域必须由救援人员自己建立。

二、现场营救策略

1. 接近被困人员

一旦搜索工作结束，被困人员的位置即被确定，其后要做的就是确定如何去接近被困人员，进而将其救出。

接近被困人员主要有垂直接近和水平接近两种基本方式，如图 2-33 所示。垂直接近是从被困人员位置的垂直方向创建营救通道，水平接近则是从其侧面的水平方向创建营救通道。

垂直接近和水平接近两种基本方式的优缺点见表 2-6。

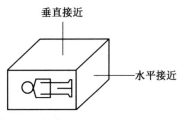

图 2-33　接近被困人员的方式

表2-6 垂直接近和水平接近被困人员的优缺点

方式	优 点	缺 点
垂直接近	营救者身体位置舒服	可能要处理混凝土楼板等
	容易使用营救工具和设备	凿破、切割的碎块可能会砸中被困者
	营救人员和被困者易通过营救通道	创建通道的耗时较长
	工作环境干净	须保证凿破、切割的碎片不砸中被困者
水平接近	易穿透阻隔墙体等物	营救人员身体位置不舒服
	多数情况下阻隔物不应是混凝土结构件	常需要在通道中爬行
	凿破、切割的碎块不会砸中被困者	营救破拆工具定位困难
		工作环境较差

2. 通道创建方法

营救通道的创建方法主要有4种：

（1）移走废墟。

（2）支撑不稳定废墟墙体、楼板和门窗等。

（3）切割和穿透阻隔墙体、楼板等。

（4）顶升并稳固重压物。

3. 通道安全评估

营救通道的安全评估是为了确保营救、接近被困人员的通路安全，应按照以下5个步骤：

（1）检查水、电、煤气等供应设施是否已被切断。

（2）评估到达被困人员位置的通道形式、组成与创建效率。

（3）检查应对通道发生倒塌危险的措施是否正确。

（4）检查是否建立了安全地带和逃生路线。

（5）检查是否需要移除不利于通行的废墟瓦砾。

4. 现场营救注意事项

（1）采用最有效的方法，从简单到复杂实施现场营救工作。

（2）现场营救必须先从确定和划分营救工作场地开始。

（3）营救人员应全部进入状态以应对可能发生的无法预计的紧急情况。

（4）行动计划应由所有现场营救人员分析确定，以使各项工作能协调一致，并且尽可能地节约时间。

（5）向全体现场营救人员明确现场及营救过程中的安全与紧急事件信号发送、应对措施。

（6）应指定一名总负责人以保持指挥命令的统一和全部营救工作的管理，当两支或两支以上的营救小队协同工作时也必须如此。

（7）应指定一名安全人员作为总负责人的助手，负责营救工作场地和营救过程中的安全。

（8）现场总负责人和安全人员的标记必须能够被清楚、明显地辨认出来。

（9）营救设备、工具及支撑材料应根据其功能分别存放，以便于取用。

（10）定期进行交接班并应有足够的时间进行情况介绍和信息交流，从而保证行动的连贯性。

（11）对当地资源（物、人）进行有效管理和监控，以保证营救行动的安全和高效。

（12）应保留营救操作记录和场地草图。

（13）对于营救出的死难者，应根据现场指挥部的要求，按照预先制定的善后处置工作方案，积极稳妥地做好安抚劝慰工作，使善后事宜在最短的时间内得到有效处理。

三、现场营救步骤

现场营救操作应按"察、想、作"的顺序来实施。"察"是先观察，应首先仔细认真、全面地了解营救工作可能涉及的对象及其周围的环境情况，聆听有无异常声响，有无影响安全性、稳定性的因素；"想"是多思考，要设计出多种可行的创建通道方案，并在评价其效率高低和安全程度后选定，应预估每一步工作后的结果和拟定发生意外事件的安全对策；"作"是营救工作的展开，要安全、正确、规范地使用工具、设备，并随时监控现场状况，准备好必要的应对措施。尽管营救需要快速和高效，但要切记，现场营救如果不是在安全的情况下展开，盲目追求快速和效率很可能会适得其反。现场营救工作的一般步骤如下：

1. 营救场地评估

从营救工作的角度，对被困人员所在废墟的稳定性、危险物质、营救过程可能产生的安全问题、环境条件等方面的情况进行评估，并做好必要的安全应对措施。

2. 营救计划制订

营救小队长根据被困人员搜索定位信息、现场评估结果、营救人员数量、设备配置及现场可利用资源情况，制订营救工作计划，确保现场营救工作能够有序进行。通常该计划应包括被困人员的信息、通道的形式与创建步骤、创建通道、医疗救治及运送幸存者所需的资源（设备、人员）、资源分配、通信保障与通信程序、安全保护等。

3. 工作区划分

营救场地工作区划分的目的是为实现现场资源利用的高效性和保证营救操作的安全性。现场工作区划分为营救工作区、危险区、值守地点、医疗救治区、营救设备及支撑材料安放区、移除建筑垃圾堆放区、进入和撤离路线、安全地带等。

4. 创建到达被困人员的通路

通过移除建筑垃圾、破拆建筑材料、支撑稳定废墟构件来创建到达被困人员"空间"的通道。通道在创建过程中应随时评估安全状况，预测出每一操作步骤可能引起的条件变化并做好相应的应对准备。通道空间的大小应满足能将被困人员移出的要求。

5. 救治被困者

通过创建通道抵达被困人员"空间"后，应先对被困人员进行基本的生命维持与医疗处置，以增加其生存的机会。

6. 解救被困者

破拆、移除幸存者周围的建筑垃圾以扩展空间。如果需要，应进行顶升支撑保护，以确保没有任何外部压力作用在被困人员身体的任何部位。

7. 移出被困者

根据被困人员所在位置（高空、井下），选用不同类型的担架和其他辅助设备（绳索等）将被困人员从受难地点移送至安全地带，然后将其送抵可更好进行医疗护理的场所。

第六节　破拆救援技术与装备操作

一、破拆救援技术

（一）破拆救援技术的定义

破拆救援技术是根据救援现场实际情况，使用合理的装备器材，综合运用凿破、切割、剪断等技术手段，在混凝土构件或其他障碍物构件上创建营救通道的综合技术。

破拆是对障碍物进行强行破坏，是在移除、支撑、顶升都不能达到创建营救通道目的时选用的方法。

（二）破拆救援技术的分类

建筑物倒塌破拆救援主要有剪断、凿破和切割三种技术。

1. 切割

切割是指用无齿锯（砂轮锯）、链锯、焊枪等工具或设备将板、柱、条、管等材料分离、断开的方法。

2. 凿破

凿破是指用钻孔机、冲击钻、凿岩机等工具、设备将楼板、墙体等材料开孔、穿透的方法。

3. 剪断

剪断是指用剪切钳、切断器等工具、设备将金属板、条、管等材料断开的方法。

（三）破拆救援技术的基本策略

（1）破拆作业前应排除破拆作业场地及周边的危险品及危险源，并进行全程监控。

（2）狭小空间、密闭空间的破拆作业应采取通风、降尘措施，不要使用产生尾气的装备。

（3）为应对破拆可能造成的次生灾害，破拆作业前应进行检测。破拆作业容易产生烟、火、尘等对救援人员及被困人员身体造成危害的物质，破拆前应当采取必要的保护措施。

（4）破拆作业会产生建筑结构掉落的情况，可能对被困人员造成二次伤害，在进行破拆作业时，应避免掉落的建筑构件对被困人员产生伤害。

（四）破拆方法

1. 快速破拆法

快速破拆法是指为了营救废墟中的被困人员，在安全的情况下，救援队员综合运用多种破拆技术，在倒塌建筑物构件中快速打开人员进出通道的一种破拆方法，如图 2-34 所示。在破拆作业时，救援队员破拆的对象通常是有稳固支撑且未被破坏或局部被破坏的混凝土楼板，多为从上往下破拆。一般情况下可根据作业的难易程度，选择不同的装备，主要选择凿破工具和剪断工具。在作业时，可分为确定破拆范围、破碎混凝土、处理钢筋 3 个步骤。

（1）确定破拆范围。就是在破拆体的适当位置，使用画线工具画出人员进出口的具体位置、形状和大小。确定进出口位置时，只要现场情况允许，应尽量

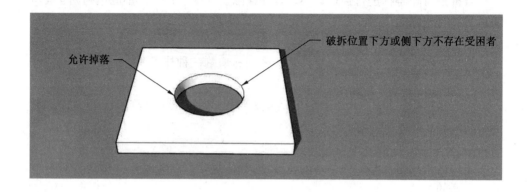

允许掉落

破拆位置下方或侧下方不存在受困者

图 2 - 34　快速破拆法

偏离被困人员。为了提高破拆速度，进出口形状通常为圆形。作业时通常由救援队员使用喷漆罐、卷尺在预定位置绘制出一个大致圆形，其大小以能够满足救援队员进入和能够救出被困人员为宜，一般以被困人员的体型为准，直径一般在 600 ~ 900 mm 的范围。

（2）破碎混凝土。就是使用凿破工具凿破圆形范围内的混凝土。首先在圆形内靠近中心点的位置钻凿一个缺口，然后分别在该缺口的四周进行钻凿，逐步扩大缺口，直至缺口范围达到圆形的边线。

（3）处理钢筋。尽管混凝土已全部破碎，但是裸露的钢筋仍然会阻碍救援队员进入下方狭小空间，因此，最后一步就是处理钢筋。在剪断混凝土构件内的钢筋时，不应过于靠近钢筋根部剪切，应留出 100 ~ 150 mm，以便折弯钢筋。因为即便靠近钢筋根部进行剪断也很难使剪切口与营救通道边缘混凝土构件完全平齐，仍会留下部分钢筋头，这些钢筋头上的毛刺或棱角可能会对进出的营救人员造成不必要的伤害。如果钢筋直径较粗，手臂力量无法折弯时，还可借助就便器材（如镀锌钢管）来延长力臂，使钢筋尽量弯曲。

2. 安全破拆法

安全破拆法来源于国外应急救援行业，也叫干净破拆法，是指在破拆救援行动中，为避免被困人员受到二次伤害，救援队员采取事先固定破拆体，然后再对破拆体进行切割的一种安全的破拆方法，如图 2 - 35 所示。也就是说在安全破拆的整个过程中，不允许有混凝土碎块掉落至下方的空间砸到幸存者。安全破拆一般按照确定破拆范围、固定破拆体、切割吊离 3 个步骤实施作业。

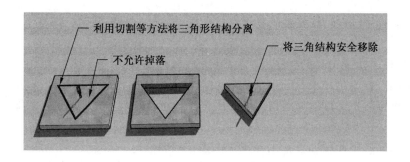

图 2 – 35　安全破拆法

（1）确定破拆范围。就是在需要破拆的混凝土预制板的适当位置，使用画线工具画出人员进出口的具体位置、形状和大小。确定进出口的位置时，只要现场情况允许，应该尽量偏离被困人员的正上方，以免破拆时掉落的碎块砸中被困人员。作业时通常由救援队员使用喷漆罐在预定位置画出一个等边三角形并标记出该三角形的中心点，其大小以能够满足救援队员进入和能够救出被困人员为宜，一般以被困人员的体型为准，边长一般在 600 ~ 900 mm 的范围。

（2）固定破拆体。为了避免三角形内的预制板在切割完毕后掉入下方的空间内砸伤被困人员，救援队员在破拆前将其固定，这就是固定破拆体。方法是由1 名救援队员利用钻孔工具在三角形中心点上打孔，然后打入膨胀螺钉固定，固定后其余人员在破拆体上方架设三脚架，1 名救援队员操作绞盘，利用垂下的钢丝绳牵拉住膨胀螺钉。

（3）切割吊离。固定好破拆体后，救援队员使用切割工具（如内燃无齿锯、液压圆盘锯等）将三角形部分的预制板切割并转移至安全位置。

在实施救援时，根据切割工具的最大作业深度及破拆对象的厚度，通常被分类为直接安全破拆和间接安全破拆。当切割工具的最大作业深度大于破拆对象厚度时采用直接安全破拆；当切割工具的最大作业深度小于破拆对象厚度时采用间接安全破拆。在采用间接安全破拆时，通常可选择使用边槽剥离法、井字形剥离法、倒三角形切割法等。

（五）破拆类型

根据破拆对象材质的不同，破拆可分为金属破拆、木材破拆、混凝土墙和砖墙破拆、加固混凝土构件破拆 4 种类型。

1. 金属破拆

建筑物中存在的主要金属物有金属门窗、金属家具、建筑物结构部件中的钢筋等。

1）破拆金属材料的程序

金属门窗或金属家具的主要构成元素包括金属面板、型材、金属结构柱等。当在完整金属板上创建通道口时，主要采用选定合适位置进行切割、凿破和扩张撕裂的方法；当以拆除残存金属构件为目的时，主要采用切割、剪断方法。破拆金属材料的基本程序如下：①穿戴个人防护装备；②选择合适的金属破拆工具；③确保工作区域无危险；④选择适当的操作位置，如敲击金属板以找到空心部位，避免切割太厚；⑤打一个探测孔，当快打穿建筑构件另一面时一定要小心；⑥切开一个三角形的通道口，以保证人员通过；⑦移走破拆下来的碎块，将尖锐的边棱用锉磨平或覆盖或折弯，以保护人员通过时不受伤害；⑧如果有必要，则需建立安全支撑。

2）金属破拆工具

多种工具和设备都可以用来破拆金属材料，如铁皮剪、剪切钳、钢锯、往复锯、锉刀、机械钻、旋转锯（配金属切割锯片）、圆锯（配金属切割锯片）、气动凿、乙炔焊锯、氧气切割机、电弧切割机。

2. 木材破拆

废墟中的木材有门窗、家具及砖木结构的建筑物构件，如梁、柱、屋顶等。

1）破拆木材的程序

对倒塌废墟中木材的破拆主要采用锯割、凿破的方法。在木板上创建营救人员通道的基本操作程序如下：①穿戴个人防护装备；②选择合适的工具；③确保工作区域无危险；④敲击木板以找到空心部位；⑤打一个探测孔，当快打穿建筑构件另一面时一定要小心；⑥切开一个三角形的通道口，通道口要足够大以便通过；⑦移走切割下来的碎块，把尖锐的边棱用锉、刀、斧修平或者覆盖，以保护人口通过时不受伤害；⑧如果有必要，则需建立安全支撑。

2）木材破拆工具

木材破拆工具有斧、短柄斧、手锯、动力钻或者手工钻、链锯、圆锯、往复锯、旋转锯。

3. 混凝土墙和砖墙破拆

对于完好的、破坏较少且直立的障碍墙体，需创建水平方向的通道口。对于那些倒塌或者处于水平状态的构件（如混凝土楼板），可用垂直凿破成孔或用顶升、移除的方法。

当钻穿那些没有钢筋的石墙、砖墙时，可能会引起意外的倒塌或者造成结构不稳定。通常应该寻找已经存在的水平缺口，如没有寻找到水平缺口，则重新选择开凿通道的方法进行钻穿。

混凝土墙的强度比砖墙要高，但砖墙的厚度通常要大于混凝土墙，在这两种墙体上创建通道口应采用功能不同的设备。另外，墙体中可能埋有加强筋、拉筋等金属物，应准备好金属剪断工具。

1）切割和穿透混凝土墙与砖墙的程序

（1）穿戴个人防护装备。

（2）选择合适的工具。

（3）确保工作区域无危险。

（4）首先打一个探测孔，快打穿建筑构件另一面时一定要小心。

（5）凿破水泥墙或者砖墙以形成一个三角形的通道口。应从三角形的底部开始操作，操作时避免切割太深。对于空心水泥板，应首先找到空心部分，因为空心处比较脆弱；对于砖墙，应该从砖缝切入。

（6）移走切下的碎块，不要将碎块堆在营救场地。

（7）如果有必要，则需建立安全支撑。

2）混凝土墙和砖墙破拆工具

大锤或小锤、凿子、镐、撬杆或者撬棍、破碎锤钻、旋转锤钻、旋转锯（配石头切割锯片）、液压水泥切割机、钻孔机、液压水泥切割链锯、汽油破碎机均可作为混凝土墙和砖墙破拆工具。

4. 加固混凝土构件破拆

加固混凝土构件有普通钢筋加固和预应力钢筋、钢索加固混凝土。

对于不同加固方法的混凝土构件的破拆是有区别的。必须提前确定是否为钢缆加固，以便救援人员知悉钢缆和钢筋的区别，避免切割预应力的钢缆而导致楼板或者结构破坏。通常，救援人员不应随意切断拉紧的钢缆，应在结构工程师的指导下操作。

1）切割和穿透加固混凝土的程序

（1）穿戴个人防护装备。

（2）选择合适的工具。

（3）确保工作区域远离危险。

（4）如果可能，打一个探测孔，快打穿建筑物构件的另一面时一定要小心。

2）切割加固混凝土的工具

往复锯、钢锯、剪切钳、焊枪等可作为切割加固混凝土的工具。

二、常用破拆装备及其操作

（一）液压泵

液压泵按照动力源可以分为汽油泵、电动泵、手动泵三大类。

1. 汽油泵

汽油泵是指使用汽油油料驱动的液压泵，如图2-36所示。

（1）汽油泵的优点：相比于电动泵和手动泵，大部分汽油泵的动力是较强的；可以随时补充油料、立即投入使用，适用于长时间持续救援作业。

（2）汽油泵的缺点：①操作比电动泵、手动泵更为烦琐；②自重较重；③将产生尾气和热量。

（3）汽油泵操作注意事项：①操作时应始终穿戴个人防护装备；②一旦发生油料泄漏或液压油泄漏，应立即停止操作并熄火，排查故障；③如果出现不熟悉的噪声、震动或其他异常现象，应立即停止操作并熄火，排查故障；④将破拆装备远离可能产生扬尘或碎石的区域；⑤确保排气口没有污物及堵塞；⑥切勿在发动机运转、明火或高热环境下补充油料；⑦补充油料时观察油料窗，确保不加过量；⑧切勿吸入其排出的废气；⑨切勿在封闭的建筑空间内使用；⑩使用时注意保持平稳，切勿翻倒或经常移动。

2. 电动泵

电动泵是使用电池驱动的液压泵，如图2-37所示。

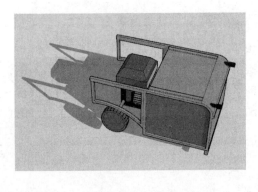

图2-36　汽油泵

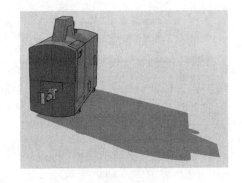

图2-37　电动泵

（1）电动泵的优点：①相比于汽油泵和手动泵，电动泵的动力较强；②电动泵不会产生很大的噪声及尾气，适合在封闭的建筑空间中工作；③启动速度非常快；④可以在有扬尘的区域工作。

（2）电动泵的缺点：①需要携带备用电池，且重量较重，随着使用次数增多，电池性能会大大下降；②备用电池充电时间较长，不适合长时间工作；③续航时间较短。

（3）电动泵操作注意事项：①操作电动泵时应始终穿戴个人防护装备；②使用时注意保持平稳，切勿翻倒或经常移动，谨防因震动导致的电池滑脱；③切勿在运转时更换电池；④一旦发生液压油泄漏，应立即停止操作并关闭电源，排查故障；⑤如果出现不熟悉的噪声、震动或其他异常现象，应立即停止操作并关闭电源，排查故障。

3. 手动泵

手动泵是使用手驱动的液压泵，如图2-38所示。

（1）手动泵的优点：①相较于其他类型的泵，手动泵最轻，易于携带；②操作极为简单；③可以在扬尘、雨水、碎石、倾斜等恶劣环境下工作；④续航时间长，只要没有坏就可以持续工作。

（2）手动泵的缺点：①动力太小；②供能速度较慢；③会耗费救援人员大量体力。

（3）手动泵操作注意事项：①操作时应始终穿戴个人防护装备；②一旦发生液压油泄漏，应立即停止操作备，排查故障；③运输时切记锁死压动杆。

（二）凿岩机

凿岩机可以快速凿破各类建筑结构构件，完成钻孔或破碎作业。在凿脆性大的建筑结构构件时，使用凿岩机往往会获得意想不到的效果。凿岩机按照动力源可以分为以下五类：

1. 电动凿岩机

电动凿岩机由电动机带动曲轴、连杆等传动装置驱动凿头运动，可凿破水泥构件、沥青、砾石、砖瓦、冻土等，如图2-39所示。

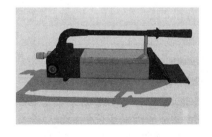

图2-38　手动泵

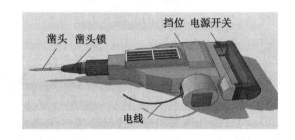

图2-39　电动凿岩机

（1）电动凿岩机的操作步骤：①检查凿岩机凿头是否完好，并在尾部擦拭少许润滑油；②安装合适的凿头，接通电缆线；③打开发电机电源开关，启动发电机，调整挡位，保证在额定电压范围内使用装备；④打开手柄上的电源开关，启动凿岩机；⑤选择作业对象，尽可能使凿岩机与作业面垂直；⑥操作凿岩机时，沿着工作方向适当用力，凿岩机开始工作后，根据进度需要，可以调整凿岩机与作业面的角度；⑦作业完成后，关闭凿岩机并进行清洁保养后入箱，撤收器材。

（2）电动凿岩机的优点：①相比其他凿岩机，因电动凿岩机的电线可以很长，故可以在距离动力源很远的位置操作；②操作极为简单；③不产生废气，安全性较高。

（3）电动凿岩机的缺点：①需要随时供电，并需配备发电机和线盘，操作时电线容易损坏；②比内燃凿岩机和液压凿岩机的功效偏低。

（4）电动凿岩机操作注意事项：①操作时应始终穿戴个人防护装备；②使用前需检查凿头是否有坏损；③需要随时检查其电线；④电线不能放置在具有尖锐表面和可能摩擦导致电线损坏的区域；⑤使用前检查其散热功能是否完好；⑥确保使用合适的凿头；⑦发电机和电动凿岩机的功率要匹配；⑧必须在规定的电压范围内使用；⑨为安全起见，不能在雷雨或者潮湿环境中使用。

2. 液压凿岩机

液压凿岩机是使用液压能驱动的凿岩机，如图 2−40 所示。

（1）液压凿岩机的操作步骤：①检查凿岩机凿头是否完好，并在尾部擦拭少许润滑油；②安装合适的凿头，使用液压管和液压管头接通液压管线；③打开液压泵开关，启动液压泵；④打开手柄上的电源开关，启动凿岩机；⑤选择作业对象，尽可能使凿岩机与作业面垂直；⑥操作凿岩机时应适当用力，凿岩机开始工作后，根据进度需要，可以调整凿岩机与作业面的角度；⑦作业完成后，关闭凿岩机并清洁保养后入箱，撤收器材。

（2）液压凿岩机的优点：①其功率和内燃凿岩机的功率一样，也是几种凿岩机里使用率最高的；②比内燃凿岩机操作简单；③本身不会产生废气。

（3）液压凿岩机的缺点：①自重较重；②内部循环的液压油温度可能高达几百摄氏度，泄漏液压油的危险性很大；③液压管较为脆弱；④很难在狭小空间中使用。

（4）液压凿岩机操作注意事项：①操作时应始终穿戴个人防护装备；②要确保液压管、液压泵、液压凿岩机的两侧接头无尘土、无砂石；③液压凿岩机运转时，确保液压管没有弯折及重物压迫；④在使用液压凿岩机前，需检查凿头是否有坏损；⑤确保使用合适的凿头。

3. 内燃凿岩机

内燃凿岩机是以燃烧燃油为动力的凿岩机，如图 2 - 41 所示。

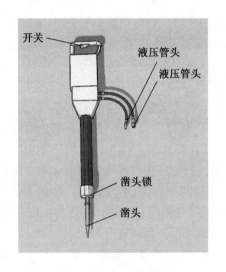

图 2 - 40　液压凿岩机

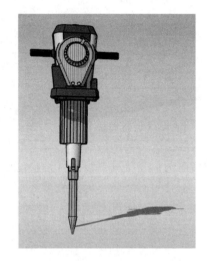

图 2 - 41　内燃凿岩机

（1）内燃凿岩机的操作步骤：①检查各部件（包括凿岩机、支架）的完整性和转动情况，加注必要的润滑油。②检查风路、水路是否畅通，各连接接头是否牢固。③机油按规定比例配兑。④打开风门、油门（冷机启动时油门开大些，热机启动时油门小些、风门大些）。⑤发动机器时，要在棘轮机构接合后，轻拉启动绳，方向要正确，用力不要过猛，防止启动绳被强拉出。启动后空载低速运行 3 ~ 5 min 再进行作业。⑥选择作业对象，钻凿向下、水平和向上小于 45° 的孔。⑦作业完成后，关闭凿岩机并清洁保养后入箱，撤收各部件。

（2）内燃凿岩机的优点：①以小功率内燃机（多为二冲程汽油机）为动力，适用于无电源和无空气压缩机的野外作业；②作业时，自产压缩空气吹洗炮孔；③零部件一般通用，可根据情况更换少许零件进行破碎、铲凿、挖掘、劈裂、捣实等作业；④操作简单，凿速快、效率高，更加省时省力；⑤适应性广泛，不受海拔、气温的限制。

（3）内燃凿岩机的缺点：①不能用于向上作业；②不能连续作业；③用汽油为燃料，会有废气排出污染空气，因此要求作业现场有良好通风。

（4）内燃凿岩机操作注意事项：①当凿岩机在装有钎杆的情况下启动时，手柄离合器不允许转到回转位置；②经常注意钎杆中心孔是否有堵塞现象，防止机器熄火；③为了保护回转机构，机器不能过于超负荷运转。

4. 气动凿岩机

气动凿岩机是一种以压缩空气为动力的冲击式钻眼机械，如图 2-42 所示。

（1）气动凿岩机的操作步骤：①检查凿头是否锁紧固定好，要在尾部涂少许润滑油；②检查气管和水管是否连接完好，应无泄漏、无水分、无杂物；③打开气管（水管）和凿岩机手柄上的开关，启动凿岩机；④对凿岩机适当向下用力，使凿岩机开始工作；⑤撤收时，关闭凿岩机，断开气管、水管。

（2）气动凿岩机的优点：①空气容易获取且工作时所需压力低，用过的空气可就地排放，无须回收；②空气的黏性小、流动阻力损失小，便于集中供气和远距离输送；③气动执行元件运动速度高；④气动系统对环境的适应能力强，噪声低，不会污染环境，无火灾爆炸危险，使用安全；⑤结构简单，维护方便，成本低廉；⑥气动元件寿命长。

（3）气动凿岩机的缺点：冲击能和扭矩较小，凿破速度较慢。

（4）气动凿岩机操作注意事项：①使用的压缩空气要求干燥，空气压力应为 500～600 kPa，使用的水要求是干净的软水；②做好管道清洗和日常维护；③检查自动注油器润滑油；④风管和水管不得缠绕打结，不得被碾压变形；⑤作业时应先开气后开水，停止时先关水后关气，应保持水压低于气压，防止水回流至凿岩机钢瓶。

5. 手动凿

手动凿是用手驱动的破拆凿，如图 2-43 所示。

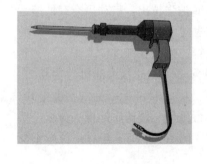

图 2-42 气动凿岩机

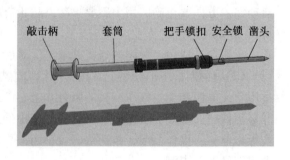

敲击柄　套筒　把手锁扣　安全锁　凿头

图 2-43 手动凿

（1）手动凿的操作步骤：①检查套筒内的润滑油是否充足；②根据实际情况，安装相应凿头，锁紧安全锁的锁扣；③锁紧把手锁扣，开始作业；④撤收器材时，锁定把手锁扣，打开凿头安全锁扣，卸下凿头，收回手动凿。

（2）手动凿的优点：①使用最为安全；②可以持续作业；③重量轻，携带非常方便；④可以在狭小空间中作业；⑤可以在任何恶劣环境下使用。

（3）手动凿的缺点：效率极其低下。

（4）手动凿操作注意事项：①操作手动凿时应始终穿戴个人防护装备；②在没有抵着物时不要使用手动凿空打，这可能损坏连接点；③每次使用手动凿以前检查凿头和连接点是否有坏损；④注意用正确的方法使用手动凿，以免手指受创；⑤双人配合使用手动凿时，尤其需要注意使用方法；⑥根据任务要求选择合适的凿头；⑦使用前需要检查工具连接是否牢固，润滑是否充足，安全锁扣是否拧紧。

（三）无齿锯

无齿锯可快速切割建筑结构及各种金属，实现快速救援。虽然名为无齿锯，实际锯盘上有很多齿，通过更换锯盘可以实现对不同目标的切割。

无齿锯按照动力源可分为液压无齿锯、电动无齿锯、内燃无齿锯，本小节主要介绍液压无齿锯、电动无齿锯。

1. 液压无齿锯

液压无齿锯如图 2-44 所示。

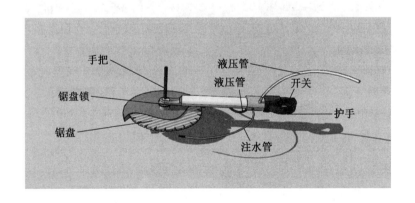

图 2-44 液压无齿锯

（1）液压无齿锯的操作步骤：①检查锯盘是否完好，锁紧锯盘锁，安装手把；②连接注水管与水泵；③使用液压管和液压管头接通液压管线，打开液压泵开关，启动液压泵；④选择作业对象，按住开关，尽可能使锯盘与作业面垂直，作业时应有人员配合使用水泵；⑤作业完成后，关闭无齿锯并进行清洁保养后入箱，撤收器材。

（2）液压无齿锯的优点：①其功率与大部分内燃无齿锯一样；②比内燃无齿锯操作简单；③本身不会产生废气。

（3）液压无齿锯的缺点：①液压无齿锯自重较重；②与其他液压装备一样，运转时液压油温度极高，泄漏时危险性很大。

（4）液压无齿锯操作注意事项：①操作时应始终穿戴个人防护装备；②在启动前确保锯盘没有弯折和坏损；③要确保液压管、液压泵、液压无齿锯的两侧接头无尘土、无砂石；④液压无齿锯在运转时，确保液压管没有弯折及重物压迫；⑤切割建筑构件时及时加水冷却；⑥运转时除操作者，切割线正前方和正后方不要有任何人员；⑦使用砂轮切割钢筋时注意火花的方向。

2. 电动无齿锯

使用电力驱动的无齿锯，如图 2-45 所示。

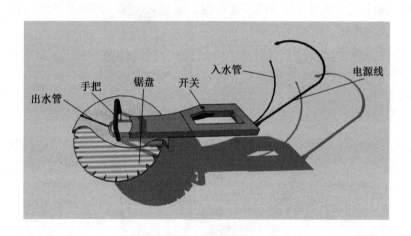

图 2-45　电动无齿锯

（1）电动无齿锯的操作步骤：①检查锯盘是否完好；②安装正确的锯盘，接通电缆线；③打开发电机电源开关，启动发电机，调整挡位，保证在额定电压范围内使用装备，连接入水管，并测试出水管是否出水；④打开手柄上的电源开关，启动无齿锯；⑤选择作业对象，尽可能使锯盘与作业面垂直，手扶手把；

⑥作业完成后，关闭电动无齿锯并进行清洁保养后入箱，撤收器材。

（2）电动无齿锯操作优点：①自重较轻；②相比其他无齿锯，因其电线很长，故可以在距离动力源很远的位置操作；③本身不会产生废气；④安全性较高，操作也较为便捷。

（3）电动无齿锯的缺点：①功率较低；②需要随时供电，因此发电机和线盘是必要的，操作时电线容易损坏。

（4）电动无齿锯操作注意事项：①操作时应始终穿戴个人防护装备；②在启动前确保锯盘没有弯折和坏损；③切割建筑构件时及时加水冷却；④设备运转时除操作者外，切割线正前方和正后方不要有任何人员；⑤电动无齿锯的电线需要随时检查，并确保插头连接稳定；⑥电线不能放置在具有尖锐表面和可能摩擦导致电线损坏的区域。

（四）剪切钳

剪切钳可以用于钢筋及其他材料的剪断。按照动力源，剪切钳可以分为液压剪切钳、电动剪切钳、手动剪切钳，本小节主要介绍手动剪切钳及液压剪切钳。

1. 手动剪切钳

手动剪切钳如图2-46所示。

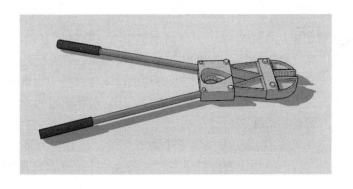

图2-46　手动剪切钳

（1）手动剪切钳的操作步骤：①评估测定被剪切的钢筋强度和粗细；②检查剪切钳的切口；③使用剪切钳，用手柄进行开合；④剪切钳口应与被剪切物垂直；⑤被剪切物尽量靠近液压剪切钳口根部；⑥剪断钢筋，撤收剪切钳。

（2）手动剪切钳的优点：重量很轻，易于携带，易于使用。

（3）手动剪切钳的缺点：只能剪切较细的钢筋，没办法剪断各种螺纹钢。

（4）手动剪切钳操作注意事项：①操作时应始终穿戴个人防护装备；②使用之前需提前评估被剪切对象是否能被手动剪切钳剪断；③剪切时注意是否会有钢筋飞射；④注意操作剪切钳的方法，尽量握住末端的把手施力，这样可有效地利用力臂。

2. 液压剪切钳

液压剪切钳是使用液压作为动力的剪切钳，如图 2-47 所示。

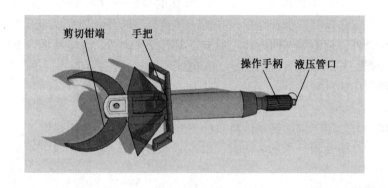

图 2-47　液压剪切钳

（1）液压剪切钳的操作步骤：①评估钢筋强度和粗细；②检查剪切钳的切口；③连接液压泵、液压导管、剪切钳；④启动液压泵，打开输油管；⑤按照操作手柄上地张开或闭合标识进行作业；⑥剪切钳口应与被剪切物垂直；⑦被剪切物尽量靠近液压剪切钳口根部；⑧工作结束后，闭合剪切钳时钳头要保留不小于 50 mm 的间隙；⑨撤收器材。

（2）液压剪切钳的优点：①相较于手动剪切钳，其剪切力是很大的，剪切内径也大得多；②液压剪切钳的种类很多，可以满足各种剪断被剪物需求。

（3）液压剪切钳的缺点：①其自重很大；②剪切时应注意手持方法，如果操作方法不对则可能造成一定危险。

（4）液压剪切钳操作注意事项：①操作时应始终穿戴个人防护装备；②操作前检查剪切钳刃是否受损；③在剪断被剪物前尽量保持剪切钳的平衡。

三、常用破拆操作技巧

（一）利用凿破及切割进行破拆操作的基本技巧

为了打通营救通道，在建筑物倒塌救援现场，救援队常常会使用破拆技术。

破拆技术实际上是一种破坏建筑和材料结构的技术，也就是一种"以点破面"的技术。破拆的对象通常为倒塌废墟中的墙体、楼板、门窗、车辆等，主要材料有木材、金属、砖砌墙、钢筋混凝土等。

破拆技术实施时，救援人员常借助被破拆的建筑结构或材料上已有的纹路、裂缝、断面来实施破拆，如果没有这种结构，则可以借助救援装备首先破坏其完整的应力面，而后再分步骤进行破拆。

以下我们用几个操作实例来说明破坏完整结构操作的重要性，同时，这几个实例也是利用凿破及切割进行破拆操作的基本技巧。

1. 操作实例1

如图2-48、图2-49所示，由于预制板的角没有很强的应力关系，因此当救援人员使用凿破工具凿破预制板的一个角时，预制板的角会整块地被破坏。

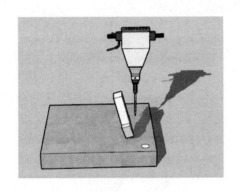

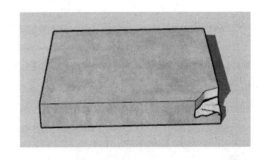

图2-48　凿破边角　　　　　　　　图2-49　凿破边角效果

2. 操作实例2

如图2-50、图2-51所示，当救援人员使用凿破工具试图凿破预制板的面时，由于预制板面之间的应力关系稳定，因此凿破效果差强人意。

3. 操作实例3

如图2-52～图2-54所示，当救援人员使用无齿锯进行切割后，在预制板上进行凿破，由于预制板面之间的应力已被完全破坏，因此会产生较明显的破碎效果。

4. 操作实例4

如图2-55～图2-57所示，救援人员在预制板的两个平行位置切割并形成平行的切痕，再于切痕中间位置进行凿破，将产生很明显的破碎效果。

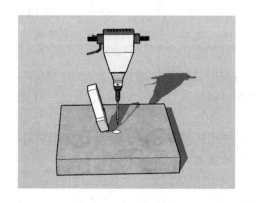

图2-50　凿破中心

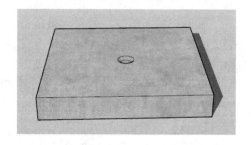

图2-51　凿破中心效果

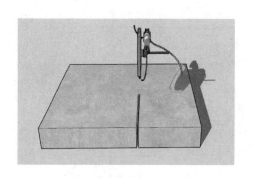

图2-52　切割单线

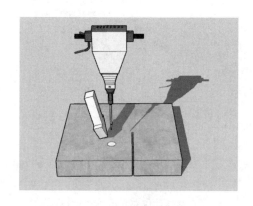

图2-53　切割单线后凿破

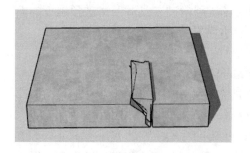

图2-54　切割单线后凿破效果

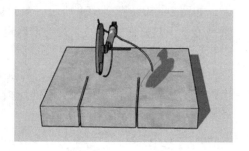

图2-55　切割平行线

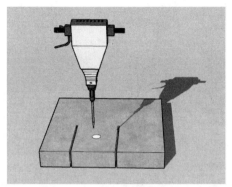

图2-56 切割平行线后凿破

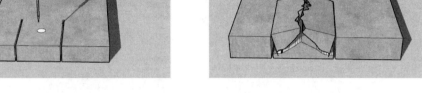

图2-57 切割平行线后凿破效果

（二）利用凿破及切割进行破拆操作的高级技巧

破拆的主要目的是打开营救通道，解救建筑坍塌结构中的被困人员，本小节重点介绍利用破拆技巧更快速、安全地打开一个营救通道。

1. 利用凿破及切割打通圆形营救通道的破拆操作

救援人员使用喷漆或记号笔绘制一个直径约为800 mm的圆形，该圆形为救援通道的雏形出口，可以保证担架及人员的进出。救援人员使用无齿锯快速切割了两条"十"字形、深度达50 mm左右的切痕，如图2-58所示。

随后救援人员使用凿岩机于切痕处从圆形中心向外侧进行逐步凿破，如图2-59所示。

由于切痕导致的应力面破坏，救援人员进行凿破时，预制板中央位置形成了一个"十"字形的凹陷，圆形内部的应力面被完全破坏，如图2-60所示。

救援人员随后对残余的结构及圆形边缘进行凿破作业，如图2-61所示。

完成凿破作业后，预制板上形成了一个圆形的凹陷，随后可以使用同样的方法再次对预制板进行破拆，直到营救通道形成为止，如图2-62所示。当快要打穿建筑结构时应提前钻一个窥探孔，查看结构下方是否有被困者存在，如果存在则应使用其他破拆方法。

2. 利用凿破及切割打通三角形营救通道的破拆操作

救援人员首先绘制一个边长为700～900 mm的等边三角形，即为三角形救援通道的雏形，随后利用三角形三边的中点连线又绘制了一个较小的等边三角形。救援人员在大小三角形共用的中点位置钻一个窥探孔，随后利用无齿锯对大小三角形的边缘进行了较浅的切割，总共切割6刀，如图2-63所示。

图 2-58　利用凿破及切割打通
圆形营救通道的破拆技术

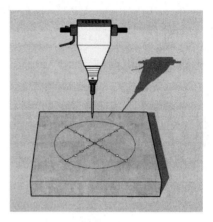

图 2-59　使用凿岩机于切痕处从圆形
中心向外侧进行逐步凿破

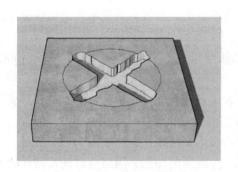

图 2-60　预制板中央位置形成了
"十"字形的凹陷

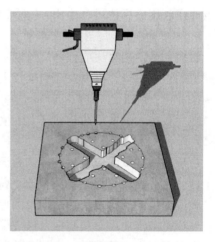

图 2-61　对残余的结构及圆形
边缘进行凿破作业

　　窥探孔的第一用途是窥探结构正下方是否存在被困人员，如果有被困人员，应使用其他破拆方法；如果被困人员不在结构正下方，则可使用此破拆方法。窥探孔的第二个用途是测定构件的具体厚度，当厚度较厚时，可以多次使用此方法进行破拆。

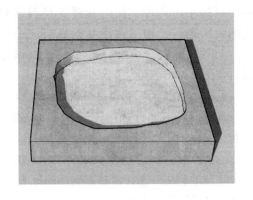

图2-62　凿破作业后预制板上
形成了一个圆形的凹陷

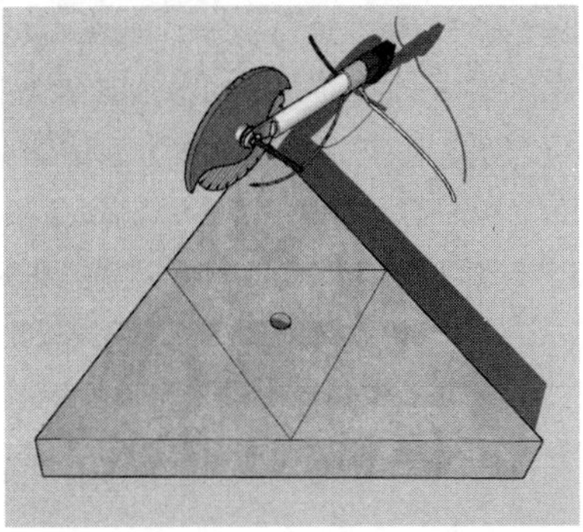

图2-63　绘制一个边长为70～
90 cm 的等边三角形

随后救援人员利用无齿锯再次对三角形进行了3刀较浅的切割，如图2-64所示。

救援人员首先对除中间小三角形外的其他三个小三角形的中线进行凿破，此时建筑结构件已经被完全破坏，此后再对除中间三角形外的其他结构的内部结构进行凿破，如图2-65所示。

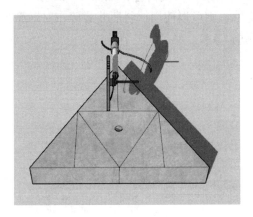

图2-64　利用无齿锯再次对三角形
进行3刀较浅的切割

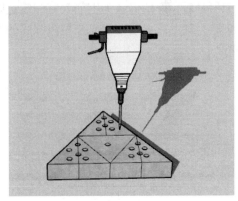

图2-65　对除中间小三角形外的其他
三个小三角形的中线进行凿破

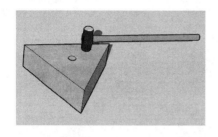

图2-66 凿破后剩余结构只有
中间的小三角形

在救援人员进行凿破后，剩余结构只有中间的小三角形，此时救援人员只需要使用大锤砸击，小三角形结构就将完全解体，此时破拆操作完成，救援通道基本形成，如图2-66所示。

（三）利用剪断技术处理钢筋的技巧

处理钢筋的破拆技巧有很多，如切割及剪断；可以用于处理钢筋的装备也很多。本小节主要介绍社会应急力量建筑物倒塌搜救队应掌握的利用剪断技术处理钢筋的技巧。

当凿破或其他操作进行到一定程度时，裸露的钢筋是需要处理的一个大问题，救援人员可对该预制板的钢筋型号及直径进行预判断，以了解是否可以使用手动剪切钳或液压剪切钳顺利地剪断钢筋。剪断时应注意不要直接剪断钢筋与混凝土接合的一侧，请勿尝试将钢筋完全剪断不留钢筋头，这种操作利用剪切钳是无法实现的。正确的做法是对钢筋的近中点位置进行剪断，这种方法会节约一些时间，也利于下一步的掰弯操作，如图2-67所示。有时钢筋与钢筋连接处会有小型钢丝捆绑，可以使用手动剪切钳快速将其剪断。

当将钢筋剪断后救援人员可以使用钢管套住钢筋，对钢筋进行掰弯处理。注意应将钢筋向结构外侧进行掰弯，因为被困人员将从救援通道被转运出受困结构，此举能避免转运时对被困人员或担架的剐蹭和二次伤害，如图2-68所示。如掰弯后，评估仍认为钢筋具有一定危险性，则可以使用饮料瓶或者碎布对钢筋头进行套罩或包裹，以完全覆盖裸露的钢筋头。

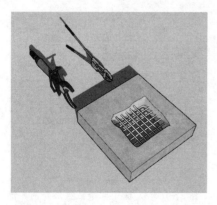

图2-67 利用剪断技术处理钢筋

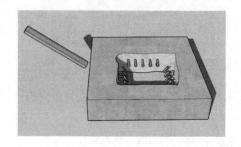

图2-68 钢管处理钢筋

（四）破拆操作注意事项

（1）为正确选择破拆工具，必须对工具的性能和局限性有详细的了解。当切穿墙体或者地板时，要时刻小心，以避免伤害营救对象，有时被困幸存者就在被切割材料的另一侧。

（2）破拆操作前，必须仔细观察破拆对象的状况，并预估可能产生的后果或其他意外情况。

（3）破拆操作过程中，操作人员和监控人员均应时刻注意可疑的声响和瓦砾掉落情况。

（4）要避免对废墟承重结构件的破拆，否则极易破坏残存结构的整体性和稳定性。

（5）使用切割装备进行破拆时，应确保操作现场无易燃易爆物品。

（6）破拆过程中，应注意注水降尘。

四、破拆操作注意事项

（1）为防止在破拆作业过程产生中的粉尘、浓烟以及飞溅或掉落的碎块损伤作业人员，应佩戴头盔、护目镜、防尘罩、耳塞和手套等个人安全防护装备。

（2）为保证废墟的稳定性，无关人员不在作业区逗留，并远离作业点。

（3）规划好每名作业人员的紧急撤离路线并设立相应的安全避险区。

（4）要正确合理地选择破拆装备器材，必须对各种装备器材的性能和局限有详细的了解，同时必须在这些装备器材的实际性能允许的范围内使用。

（5）当破拆墙板或楼板时，要边破拆边观察，避免伤害被困人员，因为被困人员很可能就在破拆构件的另一侧。

（6）破拆作业前，必须仔细观察破拆对象的状况，并预估可能产生的后果或其他意外情况。

（7）破拆过程中，作业人员和安全员均应时刻注意废墟中可疑的响声和瓦砾掉落情况，判断是否存在危险。

（8）破拆要尽可能地减少对周围环境的影响，尽量避免对废墟承重构件的破拆，否则极易破坏残存建筑结构的整体性和稳定性，尤其在破拆过程中要注意钢缆和钢筋的区别，因为切割预应力的钢缆可能会导致楼板或者结构的破坏。通常不应随意切断拉紧的钢缆，如破拆中发现钢缆，可求助于结构专家，在结构专家的指导下进行作业。

（9）破拆小组应保持通信畅通，尤其要保持与在废墟深处作业队员的联系，一旦失去通信联系，要迅速查清原因并及时采取应急措施。

第七节　支撑救援技术与装备操作

一、支撑救援技术

（一）支撑救援技术的定义

支撑救援技术是指通过建立新的结构系统，来稳定、加固受损建筑物结构的方法。支撑也是为了防止不稳定的建筑物进一步倒塌而做的安全措施。

（二）支撑救援技术的应用环境

支撑救援技术的应用环境包括：

（1）楼板受到严重损坏的建筑物。

（2）具有松散混凝土碎块的建筑物。

（3）有裂缝或者破碎的预制板。

（4）有裂缝的砖石墙。

（三）支撑救援技术的分类

1. 按照用料分类

按照用料可分为木质支撑、制式支撑、其他材料支撑。在支撑救援行动中，木质支撑是使用较多且较为频繁的，例如叠木支撑（井支撑）。

2. 按照支撑的效果分类

按照支撑的效果可分为一类支撑（一维点支撑）、二类支撑（二维面支撑）、三类支撑（三维体支撑）。

在极度危险的环境中，可以通过首先架设一类支撑来降低风险，紧接着采用二类支撑作为过渡架构，随后使用多个二类支撑绑定并形成三维体支撑体系。

3. 按照支撑的功能性分类

按照支撑的功能性可分为垂直支撑（叠木支撑、制式垫块支撑、制式垂直支撑、单T支撑、双T支撑、双立柱垂直支撑、三维立体垂直立柱支撑、三维立体垂直胶合板支撑等）、水平支撑（水平飞形支撑也称米字形支撑、水平支撑、水平制式支撑等）、门窗支撑（预制门窗支撑、非预制门窗支撑）、斜面支撑（斜二维支撑、斜三维立体支撑、斜飞形支撑等）。

4. 按照支撑的受力方向分类

按照支撑的受力方向可分为垂直支撑结构（包括垂直支撑）、水平支撑结构（包括水平支撑、门窗支撑、斜面支撑）。

（四）支撑救援技术的基本方法

（1）支撑点应根据支撑位置和支撑荷载确定。

（2）支撑点应避开结构松动、移位和悬挂的部位。

（3）精确测量并计算支撑位置及构件，并提前绘制草图。

（4）组装支撑时应尽量迅速，减少在支撑点位置停留的时间。

（5）可以提前预制部分支撑。

（五）支撑救援技术的基本程序

（1）确定支撑点的位置。

（2）确定支撑点的荷载。

（3）测量支撑点的结构空间并计算支撑部件。

（4）切割并搬运部件。

（5）预制部分支撑部件。

（6）安装加固支撑部件。

二、常用支撑装备

（一）木料切割装备

按照木料切割方法划分，木料切割装备分为锯铝机、链锯、手锯、往复锯等。

1. 锯铝机

锯铝机也叫介铝机，使用合金锯片专用于切割各种木料，切割精确、效率高。锯铝机在切割木材方面的精确性和安全性远远超过其他的型材切割机。因其价格便宜、操作精准，故是支撑救援中木质支撑结构切割的重要装备，如图2-69所示。

（1）锯铝机的操作步骤：①检查锯片，检查各部位是否有坏损；②调整角度手柄，放置被切割木材于台面并使用高效夹具固定，在救援人员帮助下扶住过长的木料，利用合适的角度和前后调整开关来调整手柄，以确认前后的角度和位置；③连接电源，压下开关柄，同时按压开关和挡片锁进行切割；④切割完成后，将开关柄上抬，慢慢松开开关和挡片锁，远离被切割物，等锯片完全停稳后再松开开关柄；⑤使用主手柄搬运锯铝机，回收木料，撤收装备。

（2）锯铝机的优点：①切割木料速度极快；②切割精确性极高；③锯片可随时更换；④使用电驱动，因此不产生废气；⑤具有一定的安全防护功能，因此安全性较高。

（3）锯铝机的缺点：①经常需要配套功能性架设点才能实现高效切割；②不能在不平稳的区域操作；③因锯盘关系，灵活性较差。

（4）锯铝机操作注意事项：①使用前应通读说明书；②使用前应详细检查锯铝机的各部件是否完好，尤其是锯盘；③操作时应穿戴个人防护装备；④操作时注意手指的位置，如果有可能，使用木楔代替手进行切割稳固；⑤操作时应注意稳固锯铝机；⑥具有保护装置，在非必要情况下请勿在操作时触碰或抬起保护装置；⑦切割木料时，应保证在锯盘转动停止之后再松动木料的稳固装置；⑧切割木料时木料的两侧均需要稳固装置；⑨操作员切割木料时，其他队员可协助稳固木料，但需要注意自身安全。

2. 链锯

链锯也称油锯，是以汽油机为动力的手提锯，主要用于伐木和造材。链锯是救援人员应掌握的木料切割工具，因其切割速度快、持续性强而应用广泛，如图2-70所示。

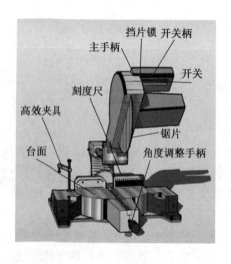

图2-69　锯铝机　　　　　　　　图2-70　链锯

（1）链锯的操作步骤：①启动前先检查锯链是否破损，是否牢固，打开油箱盖检查油料是否充足；②启动前先关闭链闸（向前推），此时链条不动；③启动时把启动开关开到"Ⅰ"，左手握住链锯把手；④快速拉动启动绳，使其达到怠速启动状态；⑤工作时合上链闸（往后推），按住油门开关进行作业；⑥工作结束后，前推链闸，放开油门开关，并等锯条停止转动后关闭启动开关；⑦回收装备。

（2）链锯的优点：①切割木料速度极快；②切割半径远远超过切割机、手动锯；③只要有足够油料，链锯就可持续作业。

（3）链锯的缺点：①自重较重，尤其是加满油料后救援人员手持链锯，对体能的要求较高；②没有保护装置，切割时碰到硬物会造成回弹，危险性极高；③噪声较大，产生尾气。

（4）链锯操作注意事项：①操作时应穿戴个人防护装备；②操作前应检查油料是否充足、锯链是否损坏；③操作时切割方向的正前方和正后方不能站人；④切割木料前检查木料中是否有钉子、铁丝之类的硬物，如果有则应提前拔除；⑤操作时不要前后滑动链锯，此举易造成危险，切割效果也不好。

3. 手锯

手锯为切割木料用手动工具，是救援支撑中常用的手动工具之一，如图2-71所示。

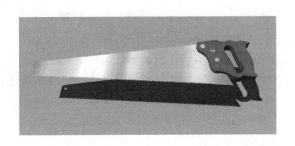

图2-71　手锯

（1）手锯的优点：小巧轻便，易于操作。

（2）手锯的缺点：效率极低，在救援现场只能辅助其他木料切割装备。

（3）手锯操作注意事项：①操作时应穿戴个人防护装备；②操作时应注意技巧，尽量保持平衡，不要损坏手锯。

（二）制式撑杆套件

制式撑杆套件是专门用于建筑物倒塌救援、交通事故救援、沟渠救援、矿山救援等的支撑救援装备，如图2-72所示。不要求救援人员掌握撑杆操作技术，在此仅仅介绍套件装备的简单性能。

1. 制式撑杆套件的优点

（1）在救援现场进行支撑时灵活且迅速。

（2）拥有多种基座，可以根据现场情况自由更换。

（3）强度很高，支撑力很强。

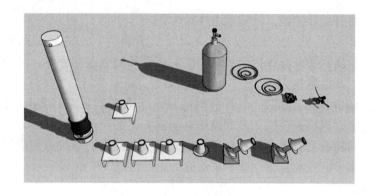

图 2-72　制式撑杆套件

（4）可以在有限的条件内增加备用撑杆，加长长度。

2. 制式撑杆套件的缺点

（1）如果考虑性价比，其实用性价比不高。

（2）最大高度有限，一般的制式撑杆套件最高为 2.5 m 左右。

3. 制式撑杆套件操作注意事项

（1）操作前应通读说明书。

（2）操作时应穿戴个人防护装备。

（3）了解其标准气压或液压阀值。

（4）使用时应先保证连接所有部件，再开始进行操作。

（5）如果部件有锁死机制，应连接完毕后进行锁死。

（三）木料及耗材

对建筑物倒塌支撑救援行动中使用的木料种类没有明确规定，一般是根据地区条件确定；但对木料的规格和耗材有明确要求，一般木方规格为 100 mm×100 mm 或 150 mm×150 mm，本书中的各支撑及构件均以木方 100 mm×100 mm 为基础，扁木规格一般为 500 mm×100 mm，如图 2-73 所示。胶合板及楔子的规格要求如下：

（1）全护板如图 2-74 所示，规格为 300 mm×300 mm×190 mm。

（2）角板如图 2-75 所示，规格为 300 mm×300 mm。

（3）半护板如图 2-76 所示，规格为 300 mm×150 mm。

（4）楔子（常用规格）如图 2-77 所示，规格为 300 mm×100 mm 的方木切割后形成一对楔子。

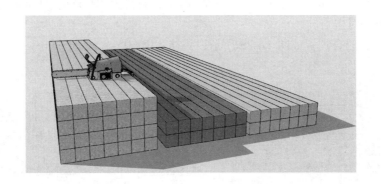

图 2 - 73　木料及耗材

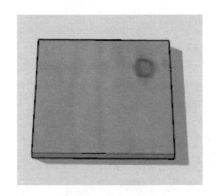

图 2 - 74　全护板

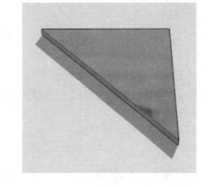

图 2 - 75　角板

图 2 - 76　半护板

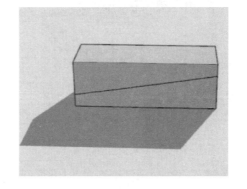

图 2 - 77　楔子（常用规格）

（5）楔子（特用规格）如图 2-78 所示，规格为 300 mm × 50 mm 的扁木切割后形成一对楔子。

（6）长胶合护板如图 2-79 所示，规格为 1000 mm × 300 mm。

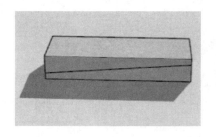
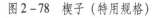

图 2-78　楔子（特用规格）

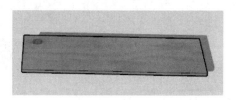

图 2-79　长胶合护板

三、常用支撑操作技巧

（一）钉子的钉固方式

（1）半护板的钉固方式，如图 2-80、图 2-81 所示。

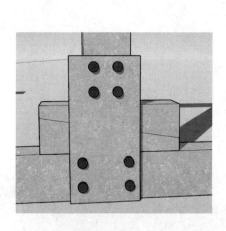

图 2-80　半护板的钉固方式 1

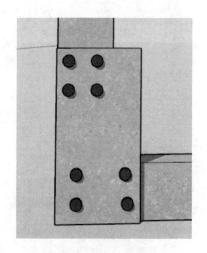

图 2-81　半护板的钉固方式 2

（2）全护板的钉固方式，如图 2-82 ~ 图 2-84 所示。

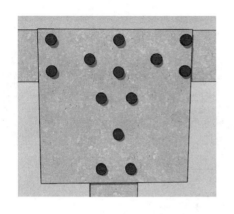

图 2 - 82　全护板的钉固方式 1

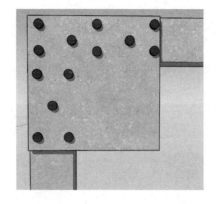

图 2 - 83　全护板的钉固方式 2

（3）角板的钉固方式，如图 2 - 85、图 2 - 86 所示。

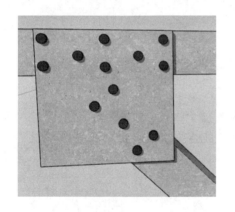

图 2 - 84　全护板的钉固方式 3

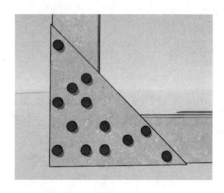

图 2 - 85　角板的钉固方式 1

（4）长胶合护板的钉固方式，如图 2 - 87、图 2 - 88 所示。

（二）楔子的正确切合方式

一对楔子在受力后完全切合，因为接触面大，故摩擦力大，楔子则稳定，如图 2 - 89 所示。

由于测量及计算或其他原因导致出现微小差距，使楔子两端无法对齐，一部分楔子凸出了，只要凸出部分不超过 100 mm（整对楔子的 1/3），则这对楔子的使用就基本正确，如图 2 - 90 所示。

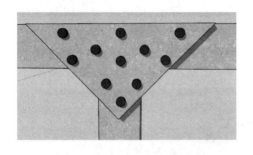

图 2 - 86　角板的钉固方式 2

图 2 - 87　长胶合护板的钉固方式 1

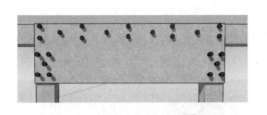

图 2 - 88　长胶合护板的钉固方式 2

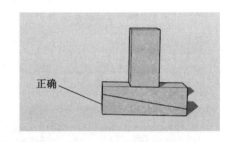

图 2 - 89　楔子的正确切合方式

由于击打楔子或者切割导致误差，使得楔子的接触面极为狭窄，此时楔子间没有形成摩擦力，这对楔子的稳定性极差，则该方式错误，如图 2 - 91 所示。

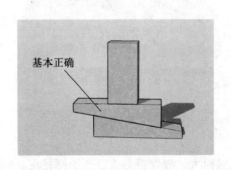

图 2 - 90　基本正确的楔子切合方式

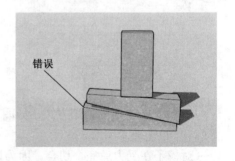

图 2 - 91　错误的楔子切合方式

（三）叠木支撑（"井"字形支撑）

叠木支撑的第一种方法为 2×2 叠木支撑，在理论上，使用较为合适的木料时，其支撑重量可以达到 10 t，如图 2 - 92 所示。

叠木支撑的第二种方法为 3×3 叠木支撑，其每层木料为 3 根，其支撑重量可以达到 22.5 t，超过 2×2 叠木支撑一倍，如图 2 - 93 所示。

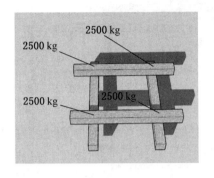

图 2 - 92　2×2 叠木支撑

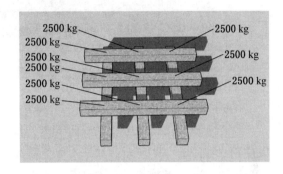

图 2 - 93　3×3 叠木支撑

叠木支撑的第三种方法为 4×4 叠木支撑，其支撑重量接近 40 t，如图 2 - 94 所示。

叠木支撑的第四种方法为固态叠木支撑，其支撑重量可以达到木料支撑力的上限，也是最稳定的一种叠木支撑，如图 2 - 95 所示。

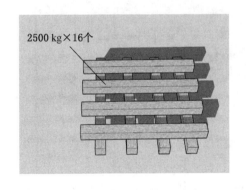

图 2 - 94　4×4 叠木支撑

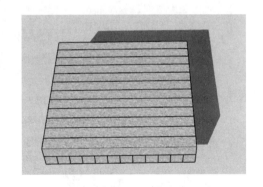

图 2 - 95　固态叠木支撑

采用叠木支撑时，可以使用叠木支撑配合顶升进行加固，以稳定保护一个营救通道，如图 2 - 96 所示。

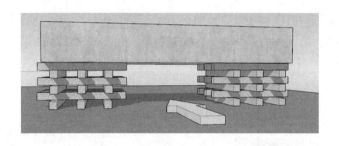

图2-96　用叠木支撑配合顶升

（四）单"T"支撑

这类支撑为可快速安装的临时支撑，在一个完整的支撑系统架设完成之前可以使用。如图2-97所示，如果不能使荷载两边对称，这种支撑会不稳定。

1. 单"T"支撑构建技术要点及要求

（1）确定在哪里设置T形支撑可迅速降低风险（在建立更稳定的支撑结构之前），如图2-98所示。

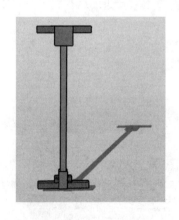

图2-97　单"T"支撑

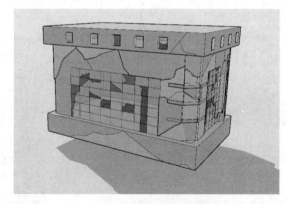

图2-98　在倒塌结构中确定支撑位置

（2）确定所需支撑区域的高度，并且最小量地移除所有影响支撑安置的建筑碎渣，如图2-99所示。

（3）4×4的立柱最大高度为3050 mm，如此一来，支撑的总高度最多不超过3350 mm。

（4）将基顶和基底长度切割约为900 mm，如图2-100所示。

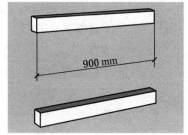

图 2-99　确定高度并移除碎渣　　　　图 2-100　确定基顶和基底长度

（5）将立柱切割为适合的高度（切割立柱时，一定要记住扣除顶帽、基底及楔子的高度）。

（6）提前预制与立柱匹配的基顶。

（7）将立柱与基顶连接，且呈直角，如图 2-101 所示。在一侧布置并且将全护板钉牢固；翻转支撑，在另一侧布置并且将全护板钉牢固，如图 2-102 所示。

（8）将 T 形支撑安置就位，并与荷载重心对准。将基顶垂直于屋顶和楼板的托梁安置，将立柱直接置于托梁之下；将基底板滑入 T 形支撑之下，并将楔子击打就位；检查直立度和位置是否直接位于荷载之下，然后打紧楔子，如图 2-103 所示。

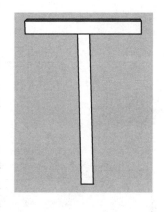

图 2-101　立柱与基顶连接

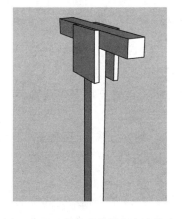

图 2-102　单"T"支撑的上半部分

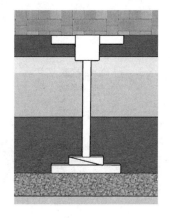

图 2-103　楔子楔入

121

（9）安装底部半固定板，将立柱和基底钉固，如图 2 - 104 所示。如果可行的话，将支撑固定于上部楼板，将基底与下部地板固定，如图 2 - 105 所示。

2. 注意事项

（1）在切割时注意将各个木方横截面切齐。

（2）在打入木楔时需要考虑木楔之间的接触面，以尽量接近全面接触为优。

（3）钉护板时选用 65 mm 钉子为佳。

（4）可以预制一些部件，无须全部在现场制作。

（5）可以手动或者使用射钉枪等工具进行固定，但手动可产生最小的振动。

（五）双 "T" 支撑

双 "T" 支撑相对于单 "T" 支撑来说，稳定性更强，承重力更大，同时因受力均散，其支撑高度远远大于单 "T" 支撑，如图 2 - 106 所示。

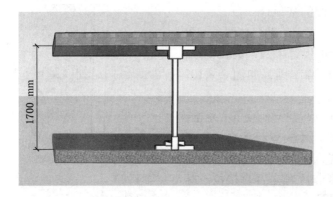

图 2 - 104　完整固定　　　　　　　　图 2 - 105　总览图

图 2 - 106　双 "T" 支撑

1. 双 "T" 支撑构建技术要点及要求

（1）在建立更稳定的支撑结构之前，确定在哪里设置支撑以迅速降低风险，如图 2 - 98 所示。

（2）确定所需支撑区域的高度，并且最小量地移除所有影响支撑安置的建筑碎渣，如图 2 - 99 所示。

（3）4 × 4 的立柱最大高度为 3300 mm，支撑的总高度最多不超过 3600 mm。

（4）将立柱切割为适合的高度。切割立柱时，要扣除顶帽、基底及楔子的高度。

（5）提前预制与立柱匹配的基顶。将立柱与基顶呈直角连接，两立柱平行且最大间距不超过 1000 mm，立柱间距与两立柱外侧基顶长度基本一致，如图 2-107 所示。在一侧布置并且将两立柱与基顶和两立柱中间位置的全护板钉牢固；翻转支撑，在对侧同样布置，如图 2-108 所示。

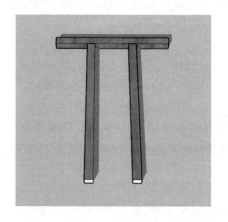

图 2-107　预制部分 1

图 2-108　预制部分 2

（6）将双 T 形支撑安置就位，并将基顶中心位置与荷载重心对准。将基顶垂直于屋顶和楼板的托梁安置，将立柱直接置于托梁之下；将基底板滑入双 T 形支撑之下，并将楔子击打就位；检查直立度和位置是否均衡位于荷载之下，然后打紧楔子，如图 2-109 所示。

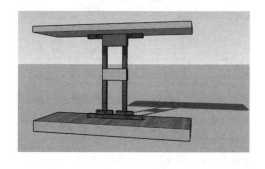

图 2-109　楔子楔入

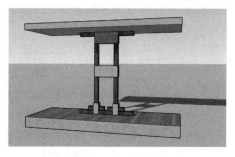

图 2-110　完整固定

（7）安装底部半固定板，将立柱和基底钉固，如图2-110所示。如果条件允许，将支撑固定于上部楼板，将基底与下部地板固定。

2. 注意事项

（1）在切割时注意将各个木方横截面切齐。

（2）在打入木楔时需要考虑木楔之间的接触面，尽量接近全面接触为优。

（3）两立柱应平行且两立柱外侧基顶（基底）长度应基本一致，两立柱木楔应均衡打紧。

（4）钉护板时选用65 mm钉子为佳。

（5）可以预制一些部件，无须全部在现场制作。

（6）可以手动或者使用射钉枪钉钉子，但是手动可产生最小的振动。

（六）门窗支撑

这类支撑用于在无筋砌体建筑中支撑开口处的松散砌体，也可用在其他建筑类型中门和窗顶梁损坏的区域，如图2-111所示。下面以预制门窗支撑（图2-112）为例进行详细讲解。

 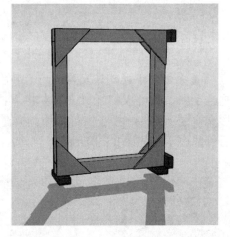

图2-111　门窗支撑　　　　　　　图2-112　预制门窗支撑

1. 水平支撑构建技术要点及要求

（1）开展调查，移除外饰层，并且移除碎渣。测量开口并检查其是否是直角或者变形，如图2-113所示。

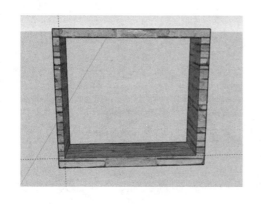

图2-113 检查变形

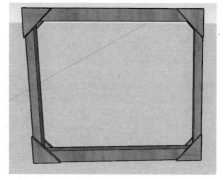

图2-114 钉固角板

（2）测量并且切割顶帽和基底，顶帽和基底的尺寸应比开口宽度小40 mm。测量并且切割立柱，其长度应该能满足安设基底和顶帽的要求，并且为楔子留出40 mm空间。

（3）在每个立柱与顶帽和基底的接合处钉固一个南板，翻转支撑，在对侧同样位置钉固一个角板，如图2-114所示。

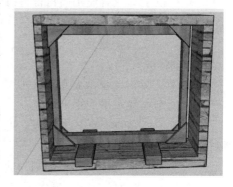

图2-115 在基底下方安装楔子

（4）将支撑搬运到开口处，并在基底每端的下方安装一对楔子，如图2-115所示。

（5）在立柱和门式（窗式）侧缘之间安装一对楔子，如图2-116所示。楔子安装完毕，如图2-117所示。

（6）在顶帽顶端及开口顶缘的中点处安装垫片，以便使支撑有足够支持力。

2. 注意事项

（1）在切割时注意将各个木方横截面切齐。

（2）在打入木楔时需要考虑木楔之间的接触面，以尽量接近全面接触为优。

（3）钉护板时选用65 mm钉子为佳。

（4）可以预制一些部件，无须全部在现场制作。

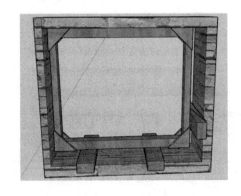

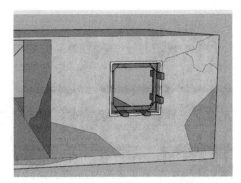

图 2 – 116　安装另一侧楔子　　　　　　图 2 – 117　楔子安装完毕

（5）可以手动或者使用射钉枪钉钉子，但手动可产生最小的振动。

（七）水平支撑

水平支撑适用于稳定平行、垂直的墙体，尤其是那些凸出的墙体，如图2 – 118 所示。

1. 水平支撑构建技术要点及要求

（1）确定构建水平支撑的位置。

（2）确定所需支撑区域的宽度，并且最小量地清理碎渣堆积区域，通常清理出 3 ~ 4 m 的区域即可。

（3）测量并将墙板和横柱切割为适当长度，100 mm × 100 mm 木方支柱的最大长度为 3 m，支撑的总宽度最多不超过 3. 3 m。

（4）将两块墙板相邻放置，将阻尼块安装在墙板上，阻尼块位于横柱下方。

（5）将墙板放置在需要被支撑的位置，呈矩形并在一条水平线上，将墙板后方的空隙用垫片填充以尽可能地使其保持垂直。

（6）将一对楔子水平安装在墙板和每个横柱之间，然后同时轻敲楔子直到横柱被撑紧为止，如图 2 – 119 所示。

（7）将 50 mm × 100 mm × 300 mm 夹板安装到楔子末端横柱顶部。采用 3 – 16d 的钉固定横柱及 2 – 16d 斜钉固定墙板，并在横柱的非楔子端安置全护板，如图 2 – 120 所示。

（8）使用斜护板将水平支撑的每侧连接固定，斜护板的长度应满足可以跨越整个长度并可以固定在两个墙板和每个横柱上。对角斜护板应按照 " × " 形安装在横柱的两面，每端采用 5 – 16d 的钉固定，如图 2 – 121 所示。

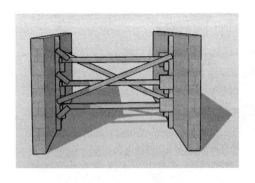

图 2－118　水平支撑

图 2－119　夹板位置

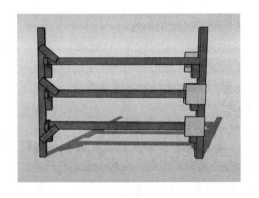

图 2－120　夹板及全护板位置

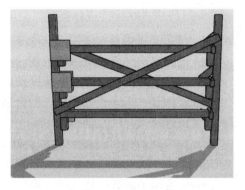

图 2－121　斜护板固定

2. 注意事项

（1）在切割时注意将各个木方横截面切齐。

（2）在打入木楔时需要考虑木楔之间的接触面，以尽量接近全面接触为优。

（3）100 mm×100 mm 木方所用墙板的最大中心间距为 1.2 m。

（4）"×"形斜撑件是 50 mm×100 mm 的扁木，采用 5－16d 钉在两端固定。

（5）可以预制一些部件，无须全部在现场制作。

（6）可以手动或者使用射钉枪钉钉子，但手动可产生最小的振动。

（八）斜面支撑

斜面支撑常用于支撑外侧墙体，其主要目的是将来源于墙体的水平方向的力转移至地面，因其转移方向为斜侧向，且大多数作为三类支撑存在，故被称为斜面支撑。二类和三类支撑均可被称为斜面支撑，如图 2－122 所示。

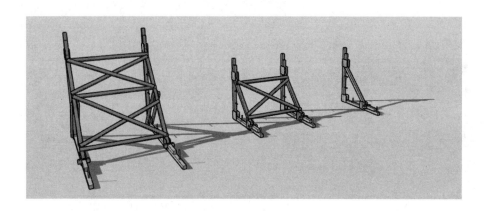

图 2 - 122　斜面支撑

1. 斜面支撑构建技术要点及要求

（1）确定构建斜面支撑的位置。

（2）确定所需支撑区域的宽度及高度，并且最小量地清理碎渣堆积区域。

（3）测量并将墙板和基底切割为适当长度。

（4）计算斜柱的长度及角度并切割。

（5）预制斜柱、墙板、基底及阻尼块，并使用楔子将其稳定，标记出将使用钢钎固定支撑的钻孔，如图 2 - 123 所示。

（6）安装护板并完成二维支撑的预制，如图 2 - 124 所示。

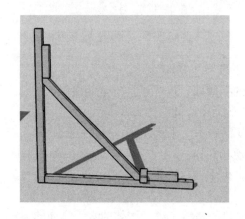

图 2 - 123　预制斜柱、墙板、基底及
阻尼块并标记钻孔

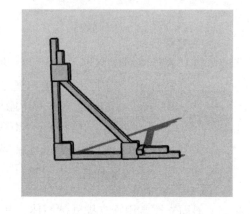

图 2 - 124　安装护板

（7）将预制完成的二维斜面支撑推至即将被支撑的墙体结构上，并钻孔，使用钢钎将其固定，如图 2 - 125 所示。此时，二维支撑将提供一定的支撑力，有限度的将墙体初步支撑稳固。

（8）其后再预制一个完全一样的二维支撑并以同样步骤将其固定于墙体，如图 2 - 126 所示。此时墙体将被较大强度的支撑稳固。

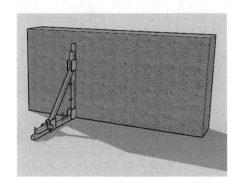

图 2 - 125　二维支撑的固定

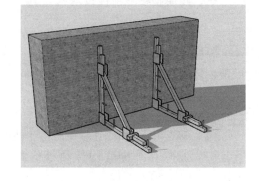

图 2 - 126　一对二维支撑的固定

（9）最后将一对二维支撑连接，使其成为一个三类支撑，此时完整的斜面支撑将发挥极强的墙体支撑稳固作用，如图 2 - 127 所示。

2. 注意事项

（1）除了使用钢钎进行固定，也可选择使用大型木方或预制板，将其放置于斜面支撑基底前端并使用楔子进行固定，如图 2 - 128 所示。

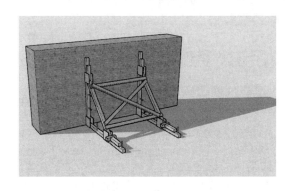

图 2 - 127　斜面支撑墙体

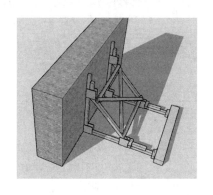

图 2 - 128　木方固定

（2）根据被支撑墙面的宽度和高度、地面的可用面积等，改变斜面支撑的角度、构造等，例如增加一层"X"形支撑。

第八节　障碍物移除救援技术与装备操作

一、障碍物移除救援技术

（一）障碍物移除救援技术的定义

障碍物移除救援技术是指在创建营救通道过程中通过移动、牵拉、吊升等手段清理障碍物的方法。

（二）移除的基本原则

当移动被压埋人员周围的瓦砾时，需要注意方法与技巧，并应遵循以下原则：

（1）确定建筑物的倒塌方式和评估废墟的稳定状况。

（2）移除一个废墟构件前须估算其重量，评估其移开的后果并设计移除方法。

（3）先移走小的碎块，后移走可移动的大块，不能移动被压住的或者楔入的碎块。

（4）移动被压住的碎块时，必须进行必要的支撑或破拆。

（5）避免移动承重墙体结构。

（6）不要移动影响废墟或者瓦砾堆稳定性的构件；当有疑问时，应与建筑结构工程师进行讨论。

（三）障碍物移除救援技术的分类

障碍物移除救援技术按照构件大小划分共有三种，如图2-129所示。

（1）利用徒手或简易工具进行障碍物移除，主要包括撬棍、铲子、木方、金属管等。

（2）利用专业救援装备进行障碍物移除，主要包括牵拉器、液压顶杆、液压扩张钳等。

（3）利用大型机械进行障碍物移除，主要包括起重机、挖掘机、叉车、推土机等。

（四）障碍物移除救援技术的基本方法

（1）确定建筑物的倒塌方式并评估废墟的稳定状况。

（2）估算障碍物的重量，选择适当的障碍物移除装备进行移除操作。

（3）宜按照从小到大、从轻到重的顺序进行移除操作。

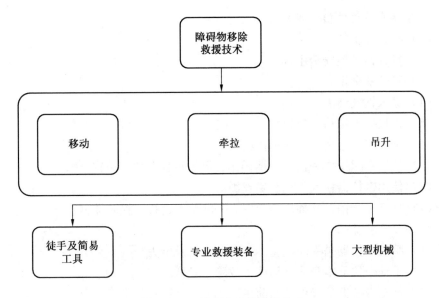

图 2 - 129　障碍物移除救援技术

（4）移除作业应避免障碍物周边的构件发生位移。

二、常用障碍物移除装备与操作

（一）手动牵拉器套件

手动牵拉器套件包括手动牵拉器、牵拉器用操作杆、牵拉器钢缆、配套钢索等，牵拉器利用其本身的杠杆和齿轮传动原理，通过钢丝绳拖拽、起吊的方式对障碍物进行移除，如图 2 - 130、图 2 - 131 所示。

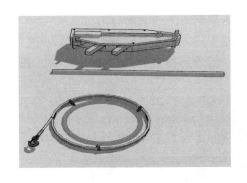

图 2 - 130　手动牵拉器套件 1

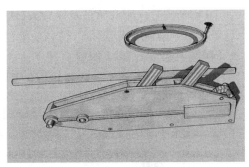

图 2 - 131　手动牵拉器套件 2

1. 手动牵拉器的操作步骤

（1）检查装备。

（2）打开钢丝绳安全手柄。

（3）打开安全销。

（4）穿入钢丝绳。

（5）连接锚点和待牵拉重物。

（6）确保安全距离，关闭钢丝绳安全手柄。

（7）使用牵拉操作和提拉手柄操作，提拉重物至预定位置。

（8）使用牵拉器松动手柄和钢丝绳。

（9）打开安全销，并抽出钢丝绳，去除锚点连接，撤收器材。

2. 手动牵拉器的优点

（1）手动牵拉器是手动设备，不需要油料及电力。

（2）手动牵拉器本身非常耐用，故障率较低。

（3）手动牵拉器的操作较为简单。

3. 手动牵拉器的缺点

（1）手动牵拉器的牵引力一般只有 2~5 t，因此需要谨慎操作。

（2）手动牵拉器在锚点断裂时，会造成危险状况。

（3）手动牵拉器操作时需要时间很长，需要较多体能支持。

4. 手动牵拉器的注意事项

（1）操作手动牵拉器时，应始终穿戴个人防护装备。

（2）检查牵拉器和钢缆的连接及钢缆、锚点、绳索之间的连接，保证坚固。

（3）牵拉时，所有承力的装备必须达到牵拉器的额定牵拉力，不能小于额定数值。

（4）牵拉时，所有队员及周边人员必须远离钢缆的"扇形打击面"。

（二）手动简易装备

手动简易装备包括钢管、铲子、木方、绳索、滑轮、锤子、卷尺等，如图 2-132 所示。手动简易装备的注意事项：

图 2-132　手动简易装备

（1）操作手动简易装备时，应始终穿戴个人防护装备。

（2）操作手动简易装备时，应注意保护手部，注意相互配合，切勿单人操作。

三、常用障碍物移除操作技巧

（一）利用手动工具滚动障碍物并移除

救援人员可配合使用钢管及撬棍等手动工具滚动障碍物并进行移除，如图 2 - 133 所示。

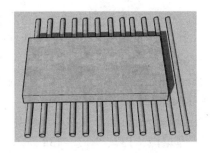

图 2 - 133　利用钢管进行障碍物移除

1. 操作步骤

救援人员应使用撬棍或相似的工具撬起重物一端并固定住重物，同时在规则形状的重物下放入可以滚动的钢管或相似的工具，并通过撬棍利用杠杆原理使重物置于钢管上滚动，并缓慢移除。

2. 注意事项

在操作时，切忌使用手直接接触重物，注意钢管的并列队形。

（二）利用手动工具及杠杆原理进行障碍物移除

救援人员可以使用杠杆稳定支点，使用耐硬度较高的撬棍或钢管进行杠杆障碍物移除，如图 2 - 134 所示。

1. 操作步骤

救援人员寻找障碍物的缝隙或制造一个缝隙，并在缝隙一侧放置木方或固定块等作为支点。随后救援人员使用较长的钢管对障碍物进行撬起。

救援人员撬起重物时，如期望可以撬起时更省力，则应该增加动力臂的长度或减少阻力臂的长度，依照杠杆原理，动力臂越长效率越高，如图 2 - 135 所示。

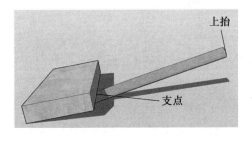

图 2 - 134　利用手动工具及杠杆原理进行障碍物移除 1

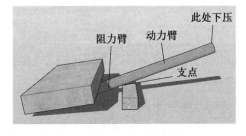

图 2 - 135　利用手动工具及杠杆原理进行障碍物移除 2

救援人员可以利用撬棍或钢管撬起一个预制板，将预制板横移或者打开预制板的缝隙，此时支点位于钢管和预制板的接触点，如图 2 - 136 所示。

2. 注意事项

对钢管施力时需要利用上提的力量，无法利用体重来压住钢管。可以通过多人配合来保障安全和持续施力。

（三）利用叠木支撑和杠杆原理进行障碍物移除

如图 2 - 137、图 2 - 138 所示，救援人员可以利用很长的木方及叠木支撑进行向上提拉和移除操作。

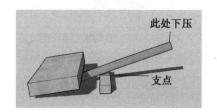

图 2 - 136 利用手动工具及
杠杆原理进行障碍物移除 3

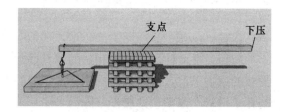

图 2 - 137 利用叠木支撑和
杠杆原理进行障碍物移除 1

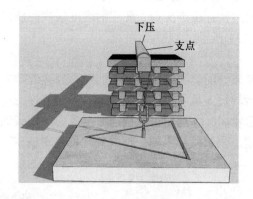

图 2 - 138 利用叠木支撑和杠杆原理进行障碍物移除 2

1. 操作步骤

（1）首先在需要提拉的障碍物上进行稳固，使用绳索打结连接重物的锚点。

（2）随后在重物一侧制作四叠木类支撑，并在四叠木类支撑顶端使用摆放整齐的木方，每个木方都相互靠拢。

（3）顶端互相靠拢的木方需垂直于杠杆大木方。使用杠杆大木方放置于叠木支撑上，并连接绳索及重物。

（4）多人缓慢下压杠杆大木方的一侧，使重物轻轻翘起，并缓慢进行上拉操作。

2. 注意事项

（1）在进行操作时，叠木支撑必须为四叠木类支撑，并且必须对被提拉的重物进行固定，推荐使用膨胀螺栓或其他固定锚点。

（2）提拉用的大型方木必须很长，并保持受力稳定。

（3）此方法可以配合安全破拆使用。

（四）利用手动牵拉器进行障碍物移除

牵拉器移除是指利用牵拉器的杠杆和齿轮传动原理，通过钢丝绳拖拽、起吊的方式移除障碍物的方法，主要适用于在较长的距离上移除障碍物。牵拉器障碍物移除通常与破拆技术、顶升技术联合使用，一般在破拆难度较大，应用顶升手段无法托起障碍物且移动部分构件不会给被困者造成二次伤害的情况下采用。

利用牵拉器移除时，应固定好牵拉器的两端，牵拉器一端固定或悬挂于锚点上，如果需要还可连接能够承受同样吨位的钢丝绳或者索链，固定物所能承受的拉力应大于被牵拉物体的力；另一端则应固定或悬挂于被牵拉物体上。

图2-139所示为横向手动牵拉器移除。操作横向牵拉器移除时，除牵拉器拉杆操作人员，其他人员不能出现在两块预制板之间的区域，并且操作时应确保操作稳定且平缓，不能过快。

图2-140所示为垂直手动牵拉器移除。操作垂直牵拉器移除时，除拉杆操作人员，其他人员不能出现在两块预制板之间区域，并离开被拖拽预制板的下方。如有可能，可以增加一名被拖拽预制板的稳定人员，其可以用绳索稳定被拉高中的预制板，使其不至于摇晃。操作垂直牵拉器移除前，应确保上方定滑轮、锚点以及所有锚定点的稳定。

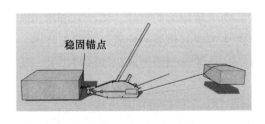

图2-139　横向手动牵拉器移除

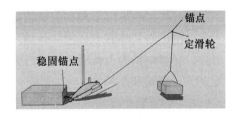

图2-140　垂直手动牵拉器移除

图2-141所示为横向倍力系统手动牵拉器移除。操作横向倍力系统牵拉器移除时，需保证除拉杆操作人员外其他人员尽量远离操作区域，并保证动滑轮及所有锚点的稳定。因具有动滑轮系统，所以此举可能节省一部分力，但锚点也相应增加，危险性也增加了。

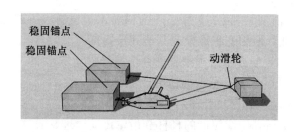

图2-141　横向倍力系统手动牵拉器移除

第九节　顶升救援技术与装备操作

一、顶升救援技术

（一）顶升救援技术的定义

顶升技术是指借助顶升或扩张装备器材将拟创建的营救通道上的重型预制板或桥梁、桥墩等物顶起或扩张，并对顶起的物体构件进行加固、支撑或利用装备本身进行支撑，从而为救援行动创造安全通道的综合技术。顶升是指利用装备器材将重物顶起或扩张，主要目的是创造营救通道或空间，这种通道或空间既可以是营救的作业空间，也可以直接就是营救通道的一部分；支撑是指利用装备器材或便利器材对不稳定构件进行加固和支护，主要目的是保护所创造的通道或空间，为在这种空间中作业的人员提供一定的安全保障。

顶升技术也可以创建和保护营救通道并救出被困者为目的，因此其既可单独使用，也可与其他营救技术综合使用。顶升也可以看作是创建营救通道工作的一部分，支撑则是为营救通道提供必要的保护，创建营救通道的过程往往需要一边顶升、一边支撑保护。

（二）顶升救援技术的分类与策略

顶升救援技术分为顶升和支撑（木材井字支撑或制式垫木支撑）两部分，顶升的方法包括垂直顶升、水平顶升、单点顶升、多点顶升，支撑包括制式装备器材支撑、就便器材支撑。

1. 垂直顶升

（1）垂直顶升适用于建（构）筑物废墟中倒塌构件呈上下堆叠的情况。为了营救其中的被压埋人员，可采用垂直顶升操作。

（2）根据堆叠构件的大小、重量、稳定条件和彼此间隙，选择合适的液压或气动顶升设备和顶升点、支点位置，使部分堆叠构件在垂直方向上发生位移，从而形成水平通道入口。

（3）垂直顶升操作过程中除应关注堆叠废墟上、下两部分的变化外，还应注意左右两侧是否会因垂直方向的位移而发生倒塌情况。

（4）垂直顶升操作后，应采取支撑（垫块）的方法使废墟处于稳定状态。

2. 水平顶升

（1）水平顶升适用于倒塌构件彼此呈左右挤靠的情况。为了从挤靠的倒塌构件缝隙处创建营救通道口，可采用水平顶升方法使被挤靠的倒塌构件向一侧或两侧移动。

（2）根据被挤靠构件的大小、重量、稳定条件和有效的外侧移动空间，选择合适的液压或气动顶升设备和顶升点、支点位置。

（3）水平顶升操作过程中应注意挤靠构件移动中的倾斜状态变化和可能造成的破坏及倒塌情况。

（4）水平顶升操作后，应采取支撑（垫块）的方法使废墟构件处于稳定状态。

3. 单点顶升

（1）单点顶升是仅在一个位置（顶升支点）进行的顶升。

（2）单点顶升方法多用于水平移动废墟构件的一端或扩张受压变形的构件。单点顶升要求能够提供足够顶升反力的支点位置及良好的表面条件。

（3）单点顶升操作所用的设备通常为液压顶升设备，并辅以高强度垫块。

4. 多点顶升

（1）多点顶升是在被顶升物的多个位置同时进行顶升的操作。多数情况下应是两点或多点顶升，如两个千斤顶、两个气垫同时使用。多点顶升方法减小了单个顶升设备的反作用力，能够增强顶升作业中的安全性和废墟稳定性。

（2）多点顶升的关键在于对一个物体进行顶升时，多个支点上的顶升速度应基本一致，通常采用双输出机动液压泵及液压顶升工具进行，而且多个支点的反作用力不易使支持构件发生破坏。

5. 顶升操作分析支点选择

（1）顶升操作之前应先了解废墟的结构组成，分析废墟构件静力学关系，然后再选择可靠的顶升支点和适当的顶升设备。

（2）顶升计算是根据倒塌废墟的建（构）筑物结构类型、建筑材料与现存状况，估算被顶升物的重量及静力参数数据，预估其在顶升操作后形成的新稳定状态；同时，分析可选的顶升位置、顶升支点数量及顶升距离，估算各点顶升力的大小，从而选用适当的顶升设备、方法和程序。

（3）顶升支点的选择受被顶升物的形状、质心位置、支点表面强度及所需支持力大小等因素限制，多数情况下需采取其他准备措施，如垫块、凿破方法等使顶升支点能满足顶升操作的需求。

（三）顶升操作流程

（1）评估被顶升物的组成结构及稳定性，进行顶升计算分析。

（2）根据任务需求，确定顶升类型、顶升方法和顶升设备。

（3）选定顶升支点位置，确定顶升操作的步骤。

（4）准备顶升设备。

（5）将顶升工具放入顶升支点，若空间太小时应用开缝器进行扩张。

（6）按设计的操作步骤实施顶升操作，并监控安全状况。

（7）达到顶升目标位置后，利用木材或垫块等在顶升支点处对被顶升物进行支撑。

（8）缓慢取出顶升设备。

（四）注意事项

（1）液压撑杆的延长杆不能连接在柱塞延伸一侧的端部。

（2）使用撑杆和千斤顶时，其底部和顶部一般应加防滑垫，接触部位应足够坚硬。

（3）只要有可能，就应使用两个千斤顶，并放置在两个不同的顶升点上。

（4）在使用高压顶升气垫时，应保证气垫整体都承受负荷，否则会减少顶升力并可能引起气垫侧翻或被挤出。

（5）气垫与被顶升物和支撑物的距离要足够小。

（6）气垫在使用后，应检查有无损坏、轻度割伤或被化学物腐蚀。

（7）为防止被顶升构件发生意外滑动，在顶升前应确定支点并采取必要的支固措施。

二、常用顶升设备

（一）气动顶升气垫

气动顶升设备一般由充气机、高压储气瓶、输气管、气动顶升工具和空气压力控制附件等组成。常用的气动顶升工具有高压气垫、气球和低压顶升气袋三种。气动顶升设备依据的原理为压强与接触面积的乘积等于作用力。一般高压气动顶升工具的工作压力为 8～10 bar，低压气动顶升工具的工作压力为 0.5～1.5 bar。

气动顶升设备的主要特点：易于携带、操作简便、拆解迅速、顶升面积大、顶升力大（与气压和接触面积成正比）、顶升距离范围广，可以任意角度进行顶升操作，所需的设备安置空间小。

1. 顶升气垫或顶升气球

该装备利用气瓶中的高压气体来抬升重物，如图 2－142 所示。

2. 顶升气垫（顶升气球）的操作步骤

（1）检查装备。

（2）将减压表调整为最低输入气压，闭合通气开关。

（3）将止回阀（控制器）关闭。

（4）将减压表和气瓶正确连接。

（5）将止回阀（控制器）及减压表正确连接。

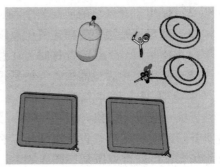

图 2－142　顶升气垫套件

（6）将减压表及气垫正确连接。

（7）将气垫放置入顶升支点。

（8）打开气瓶。

（9）调整减压表到额定气压，打开通气开关。

（10）打开止回阀（控制器），使气体通入气垫并进行顶升。

（11）顶升完毕后，使用止回阀（控制器）放气。

（12）关闭气瓶并将减压表内气体安全释放，再次使用止回阀（控制器）放气确保安全。

（13）安全解除所有装备连接。

3. 顶升气垫的优点

（1）易于操作。

（2）气垫高度较低，易于放入更小的空间中。

（3）顶升力强。

（4）动力源为气瓶，只要有足够的气瓶和高压气体，就可以持续操作。

（5）自重较小。

4. 顶升气垫的缺点

（1）操作时需多人配合。

（2）容易误连接、误操作。

（3）有一定危险性。

5. 顶升气垫的注意事项

（1）操作前提前检查顶升气垫是否有破损或凸起，各阀门是否缺少橡胶圈。

（2）使用顶升气垫前应穿戴个人防护装备。

（3）确定顶升气垫的额定气压及顶升力。

（4）连接顶升气垫各部件时，注意关闭所有阀。

（5）使用气垫后也需检查气垫是否有破损，是否受到化学腐蚀。

（二）液压千斤顶

自锁式液压千斤顶（图2-143）回落高度低，侧面负载小，用途广泛，如桥梁升降、铁路隧道建设、高空吊装桥梁构件、施工与安装、建（构）筑物提升等场合，可配合液压泵（图2-144）使用。

图2-143　自锁式液压千斤顶

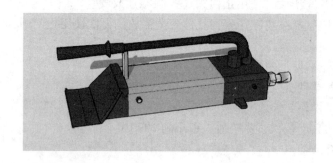

图2-144　手动液压泵

1. 液压千斤顶的操作步骤

（1）使用液压管连接液压千斤顶和液压泵。

（2）将液压千斤顶放入顶升支点位置。

（3）使用液压泵加压。

（4）顶升重物。

（5）使用液压泵回压。

（6）解除各装备连接。

2. 液压千斤顶的优点

（1）顶升力极强。

（2）安全风险很低。

（3）操作简单。

（4）多段顶升。

3. 液压千斤顶的缺点

（1）顶升速度很慢。

（2）自身重量较大。

（3）自身高度较高。

4. 使用液压千斤顶的注意事项

（1）使用液压千斤顶前应穿戴个人防护装备。

（2）使用液压千斤顶前应检查液压口是否有沙子或小石子。

（3）使用前应检查顶升点是否有破损。

（4）确保顶撑点与被顶撑物充分接触再加压顶升。

三、常用顶升操作技巧

在操作前应提前准备好装备配件，包括木方、顶升气垫套件、开缝器套件、液压千斤顶套件，如图 2－145 所示。

提前准备好一根方木并连接开缝器，使用开缝器慢慢打开预制板的缝隙并塞入方木，如图 2－146 所示。

在打开缝隙后使用顶升气垫或气球对预制板一侧进行顶升操作，每顶一层则相应增加方木使其成为叠木支撑，可以选择使用二方木、三方木、四方木叠木支撑进行支撑，推荐使用三方木叠木支撑，如图 2－147 所示。

因顶升时有可能因预制板过长，导致叠木支撑有一定缝隙，可以使用小块胶合板放入缝隙，暂时进行加固。在一侧顶升至两层方木后，移出顶升气垫并开始顶升另外一侧，如图 2－148 所示。

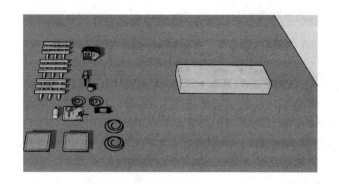

图 2-145　装备配件

图 2-146　开缝器开缝

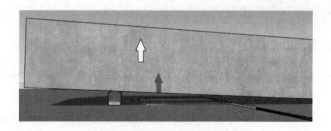

图 2-147　气垫顶升开始

当顶升到一定高度时，有可能小中号的顶升气垫受高度限制不能再进行顶升，由此可以更换成液压千斤顶或在顶升气垫下面加入贴合紧密的木方以提高气垫的高度，再进行顶升。使用液压千斤顶进行顶升和使用气垫顶升的步骤相似，仍然进行单点一侧顶升，再更换为另一侧继续顶升，如图 2-149 所示。

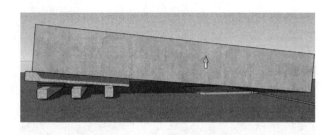

图 2 - 148　支撑加固后继续顶升

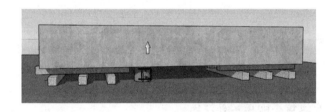

图 2 - 149　持续单点顶升

当顶升高度超高时，可以在液压千斤顶下方加入贴合紧密的木方以增加顶升高度，如图 2 - 150 所示。

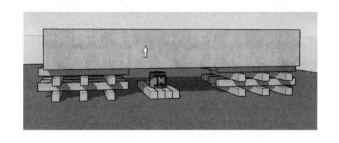

图 2 - 150　加高千斤顶后进行顶升

顶升高度为 6 层（约为 600 mm）时，此时如无特殊需求，已经形成了一个完整的营救通道，可以从此通道进入预制板下方的空间，再进行其他操作，例如破拆或转运被困者，如图 2 - 151 所示。

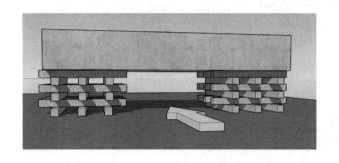

图2-151　顶升完毕

第十节　绳索救援技术与装备操作

一、绳索救援技术的定义及分类

绳索救援技术是一种利用绳索将被困人员从危险或高空的环境中带到可靠安全位置的技术。

建筑物倒塌绳索救援技术分为绳结、锚点制作、上升、下降、提拉下放、交叉拖拉、斜向救援、"T"形救援、"V"形救援。

二、常用绳索装备

（一）安全带

1. 坐式安全带

坐式安全带是用织带、配件、扣件、护垫或其他元素组合的带有腹前连接点的腰带，并可以合适地包围双腿，以便有意识的人能够以坐姿悬吊，如图2-152所示。

坐式安全带可以安装肩带，被认为是服装或全身安全带。

2. 全身式安全带

图2-153所示为全身式安全带，主要用于防坠落，提供身体躯干的支撑，是防坠落系统的一个组成部分。全身式安全带可包括织带、配件、扣件、护垫和其他元件，适当地排列和组装，在使用者跌倒时或跌倒后支撑整个身体。利用全身式安全吊带可以对无意识伤员（颈椎、脊椎、腰椎未受伤）实施垂直提升。

图 2－152 坐式安全带

图 2－153 全身式安全带

全身式安全带通常在胸前或背后具有 D 形环挂点，用于接挂防坠落装置。用于绳索技术作业和救援的全身式安全带，腰带中央具有 D 形环挂点或其他类型挂点，用于升降的操作；腰带两侧具有 D 形环或其他类型挂点，用于工作定位。为了保证长时间悬吊状态的舒适性，可能会采用较宽和较厚的软垫。可将胸带拆分，成为坐式安全带的全身式安全带，其坐式安全带必须符合标准。全身式安全带使用注意事项：

（1）检查有无切割、撕裂、磨损、高温或化学物品的伤害。

（2）检查缝线切割、撕裂、磨损、脱线情况。

（3）检查金属扣件的功能是否正常。

（4）检查标签上的图文能否正常阅读。

（5）避免在尖锐和粗糙的表面摩擦。

（6）检查扣件和收紧的部位，以及扁带、缝线等的状况，包括不容易触及的部分。

（7）如果产品出现了可能影响强度或导致功能受限的磨损，请立即报废。

（8）潮湿和冻结会使调节安全带的操作变得困难，但对强度的影响微不足道。

当安全带遭遇严重的坠落后（例如坠落系数为 1 的冲坠），即使看起来完好无损，也请立即报废，决不能自行修复或改装。

（二）主锁

图 2－154 所示为主锁，是一种可打开的金属装置，用于连接部件，使救援

人员能够组装一个系统，以便直接或间接地将自己连接到锚点或者其他装备上。其主要用于连接保护点、安全带、绳索、保护器、下降器等各类器材装备。主锁使用注意事项：

（1）常用主锁的形状为 O 形、D 形、梨形等。

（2）必须使用符合操作者使用用途的安全锁。

（3）铝合金锁与钢锁具有相同的承重能力，而重量却减少了 1/3。

（4）为了安全起见，防止锁门意外打开，安全锁的锁门具有保险装置，通常分为丝扣、自锁等类型。

（三）下降器

下降器（图 2-155）的类型多样，主要分为自锁式下降器和非自锁式下降器。必须使用符合要求的下降器，不同类型的下降器，操作方式、连接方式、下降速度、下降高度可能大不相同，在使用前必须进行严格和正确的训练。建筑坍塌救援中一般使用自锁下降器进行救援，必须严格按照训练标准和产品说明书使用。

图 2-154 主锁　　　　　　　　　　图 2-155 下降器

（四）扁带

扁带（图 2-156）是指将织带、辅绳或绳索通过缝合或其他紧固方式连接在一起，用于连接和组成安全系统，通常用于人工或自然保护点上制作锚点。扁带使用注意事项：

（1）必须保护扁带免受锋利边缘和其他机械危险。

（2）扁带受水或冰影响时，对其磨损后会更加敏感且失去强度，需要注意加强预防措施。

（3）储存或使用的温度不得超过 80 ℃（聚酰胺的熔化温度为 215 ℃，Dyneema 的熔化温度为 145 ℃，聚酯的熔融温度为 260 ℃）。

（4）在使用之前和使用过程中，必须考虑在遇到困难时进行救援的可能性。

保养和维护：①不得让扁带与化学试剂接触，特别是酸类物质可能会在没有明显迹象的情况下破坏纤维；②避免不必要的紫外线照射，将扁带存放在阴凉的地方，远离潮湿，避免加热。对于运输，考虑因素相同；③如果弄脏，请使用柔软的合成纤维刷，在必要时使用适合精细织物的清洁剂在冷水中清洗，仅使用对合成材料无影响的材料进行消毒；④在使用或清洗后置于干燥阴凉处进行干燥处理，避免直接加热；⑤每次使用前后检查扁带的状态，特别是边缘的状态。

（五）上升器

上升器（图 2 - 157）是手动操作的绳索调节机械装置，如果连接在适当直径的绳索或附属绳索上，将在一个方向的载荷下抓紧，并在相反的方向自由移动。

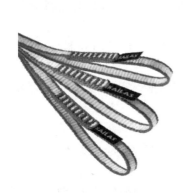

图 2 - 156　扁带　　　　　　　　　图 2 - 157　上升器

使用者可利用上升器沿固定绳索向一个方向移动，上升器有很多类型，在本书中，特指常用的手式上升器、胸式上升器和脚式上升器。手式上升器通常分左手式、右手式、无柄式三种形式。救援中为了通用性和便利性，更多使用有柄式手式上升器，无柄式手式上升器适用于某些特殊场景。脚式上升器不属于个人防护装备，无须认证。

上升器使用注意事项：①每次使用前认真检查有无过度磨损、裂纹、腐蚀；②每次使用前认真检查凸轮能否旋转自由，有无卡住或凸轮弹簧失灵等情况；③每次使用前认真检查凸轮齿是否完好，有无过度磨损情况；④每次使用前认真检查连接孔中的主锁能否自由旋转；⑤每次使用前认真检查主锁能否正常锁住；⑥每次使用前认真检查设备上有无脏污（如沙土）。

（六）滑轮

图 2 - 158　滑轮

滑轮（图 2 - 158）用于将绳索（EN892/EN1891）或辅绳（EN564）连接到安全锁（EN12275/EN362）上，用于改变方向、节省力量、移动、滑动、保护等，起到保护使用者，并在移动荷载时减少绳索的摩擦的作用。典型的使用例子是建立省力系统，改变绳索运动方向，溜索横渡，上方保护。制式或自制滑轮倍力系统在使用时无须现场组装，更高效方便。滑轮使用注意事项：

（1）每次使用前后检查滚轮的转动是否良好。若转动不灵活，用不超过 30 ℃的清水和中性洗洁剂清洗。清洗后，使用低黏性的润滑油对滑轮的轴进行润滑。

（2）每次在海水环境下使用后必须对滑轮进行清洁和润滑，如果仍然无法正常工作，必须立即停止使用。

（3）避开化学物品和腐蚀性物品，如酸、碱、海水等，否则必须立即清洗。

（4）切勿锉凿、改装、修饰滑轮。

（5）勿将器材置于 50 ℃以上的环境中，储存时应放置于干净、干燥的环境中，避免阳光直射，远离热源。

（6）使用寿命根据使用情况而定。如果出现滚轮严重磨损、裂缝、任何部分出现破坏、承受过超出额定的重量，应停止使用。

（七）止坠器系统

止坠器系统（图 2 - 159），其中包含势能吸收带和止动器。止坠器系统旨在通过物理的方式消减从高处坠落过程中产生的动能。

当使用者发生冲坠时，止坠器通过凸轮挤压或倒齿，收紧符合止坠器使用要求的绳索；势能吸收器通过延展、撕裂等方式吸收势能，减少人体和锚点承受的冲击力。

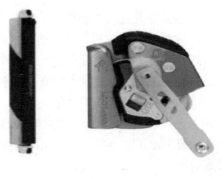

图 2 - 159　止坠器系统

（八）救援头盔

救援头盔（图 2 - 160）可以保护人员头部免遭高空坠落物的伤害，防止头部碰撞其他物体导致受伤。其主要部件有坚硬的外壳、可以吸收冲击力的内衬、通气孔、下巴带、头部调节带等。头盔可以抵御一定程度的锐物穿刺，并吸收重物砸到头部的冲击力。救援头盔使用注意事项：

图 2 - 160　救援头盔

（1）救援行动过程中要求全程佩戴头盔，错误地选择、使用头盔、佩戴头盔，或者没有进行良好的维护保养，均可能导致使用中出现危险，带来严重伤害甚至死亡。

（2）应按照说明书使用，不能擅自改变其原样。

（3）在结合其他攀登装备使用时，使用的规范请参照 EN 欧洲标准。

（4）若条件允许，头盔应为个人专用物品。

（5）在每次使用救援头盔之前、使用期间及使用之后，应对其进行质量检查。出现以下问题时，救援头盔应立刻停止使用：①外壳局部变形；②外壳的内外表面有裂缝；③在受到较大的撞击后不得继续使用，因为即使无法看出损坏的部位，产品内部仍可能发生损坏。

（6）出现以下问题时，应维修有缺陷的部件：①插扣开合出现问题；②头带调整系统不能正常调整；③头盔内衬垫遗失或损坏；④织带出现剪切、撕裂和磨损等现象；⑤铆接处出现松脱。

救援头盔的使用期限是从生产之日起5年内有效。缩短救援头盔使用寿命的因素包括频繁使用、产品零件受到损坏、接触化学物质、高温环境、长时间暴露在紫外线照射下、受到剪切磨损、受到猛烈撞击以及没有得到良好的保养。

三、绳索技术

（一）利用绳索垂直下降

（1）救援队伍抵达救援现场后，首先应对现场进行评估，并选择安全稳固且便于作业的地方进行绳索系统的架设。

（2）选取两个沿下降方向可承重15 kN以上力的锚点，利用主锁扁带及绳索制作保护站。锚点需平衡受力，在制作完成时施以承重进行试验。有些建筑及设施在制作锚点时需考虑其锋锐的边缘，必要时应加毛垫、绳索保护套以保护扁带和绳索。

（3）根据现场情况，利用适量绳索、扁带、主锁等装备架设下降绳索系统（锚点及双绳）之后对绳索系统进行安全测试。

（4）如图2-161所示，准备下降的队员须穿戴好各自的全身安全带、下降器具、头盔等安全防护装备，在下降平台待命，并将牛尾挂入锚点做好自我保护。

（5）在安全员的监督下队员进行下降操作（图2-162～图2-164）：①将止坠器安装在安全绳上；②将下降器安装在主受力绳上；③锁定下降器；④转身；⑤缓缓坐下，让下降器承重；⑥检查系统和绳索；⑦从固定点上解除牛尾；⑧解除下降器锁定，开始下降。

任何情况下，止坠器不应处于腰部以下，理想为肩膀以上。

（二）利用绳索上升

（1）穿戴好全身安全带，以及需要的各种装备，如图2-165所示，然后靠近绳索，站于绳索正下方。

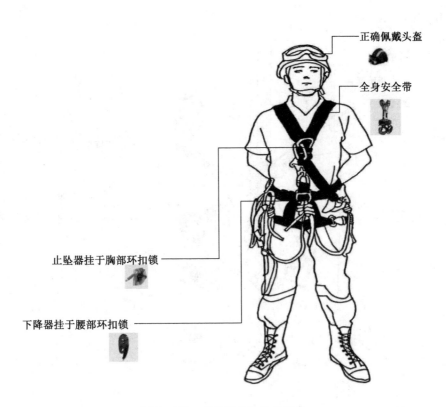

正确佩戴头盔

全身安全带

止坠器挂于胸部环扣锁

下降器挂于腰部环扣锁

图 2-161 准备下降队员的装备

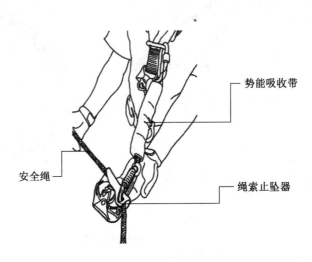

势能吸收带

安全绳

绳索止坠器

图 2-162 连接绳索

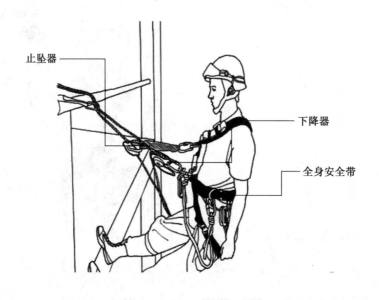

止坠器

下降器

全身安全带

图 2 - 163　下降准备

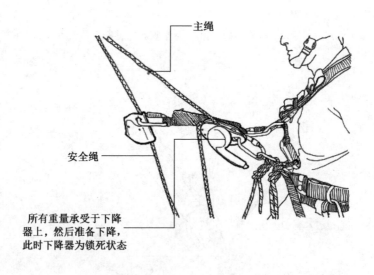

主绳

安全绳

所有重量承受于下降
器上，然后准备下降，
此时下降器为锁死状态

图 2 - 164　开始下降前的装备连接

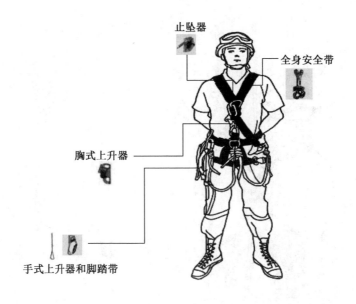

止坠器

全身安全带

胸式上升器

手式上升器和脚踏带

图 2 - 165　佩戴个人装备

（2）将止坠器安装到安全绳上，并把它尽量往上推。

（3）将胸式上升器安装在主受力绳上。

（4）将胸式上升器下面的绳索往下拉，直至胸式上升器承受部分重量。

（5）将手升安装在主受力绳上，推高，如图 2 - 166 所示。

（6）将一只脚放进脚踏绳里，用手抓着手式上升器站起来，如图 2 - 167 所示。

（7）上身贴近绳索，保持手式上升器、胸式上升器和脚踏点呈一条直线。

（8）在站立的同时，胸式上升器会自然地往上移动。

（9）坐下，让胸式上升器重新承受体重。

（10）将止坠器尽量往上推或将止坠器放于肩上。

（11）重复以上步骤。

（三）组装滑轮组系统

（1）将自锁下降器后方的手持端绳索装入滑轮。

（2）将滑轮固定在保护站上形成转向。

（3）在第一个滑轮后方装入第二个滑轮。

（4）将第二个滑轮用抓结或咬绳器固定在自锁下降器的前端紧绷绳上。

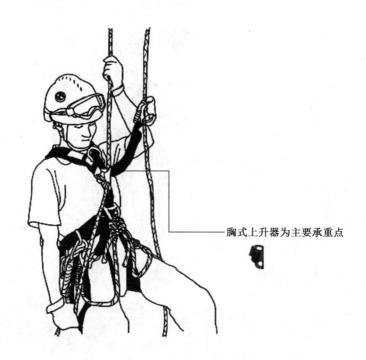

胸式上升器为主要承重点

图 2-166　与绳索进行连接

（5）组装成 1/3 滑轮组。

（四）提吊伤员

（1）主受力绳安装自锁下降器，将绳索长度调节到达伤员距离的长度后锁定。

（2）安装滑轮组系统。

（3）安全绳安装止坠器。

（4）将主受力绳和安全绳的绳端打"8"字结，分别挂在伤员的安全带 D 形环上（若是使用担架，则挂在担架系统的主受力环上）。

（5）解除下降器的锁定状态，进行拖拽。

（五）横渡技术

横渡技术又称水平吊运技术，是实现从 A 端到 B 端运输的操作技术，在救援时遇到不可通过的峡谷、河流时会用到该技术。该技术也是其他复杂吊运系统的基础操作，具体操作步骤如图 2-168 所示，为方便理解，本文将 A 设为目的地一侧；B 为大部队一侧。

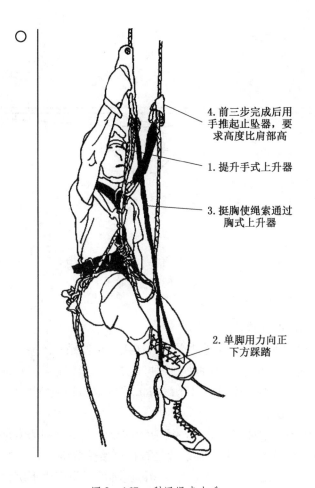

4. 前三步完成后用
手推起止坠器，要
求高度比肩部高

1. 提升手式上升器

3. 挺胸使绳索通过
胸式上升器

2. 单脚用力向正
下方踩踏

图 2-167 利用绳索上升

（1）使用抛投设备将牵引绳抛投到 A 端，将一条主绳牵引到 A 并固定（可建立标准保护站也可用无张力结进行固定，根据实际情况选择），B 端建立标准保护站，将第一条绳索绷紧。

（2）先锋队员携带第二条主绳与第三条绳索（牵引功能）通过绷紧的绳索到达 A 端。

（3）先锋队员将携带的两条绳索进行固定，B 端收紧第二条主绳，形成由两条绳索构成的绳桥，第三条绳索作为牵引绳固定在 A、B 两端。

（4）B 端将同轴双滑轮安装到两条主绳上，滑轮下方连接分力板，牵引绳

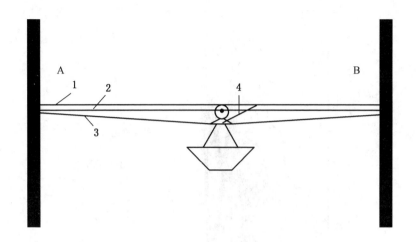

1、2—导轨绳；3—牵引绳；4—滑轮断轴保护

图 2 - 168　横渡技术

连接分力板最两侧的孔位。

（5）为滑轮做副保护，与导轨绳进行连接，可使用短连接或短固定带。

（6）若两端跨度过大，绳桥受力后可能会使导轨绳下沉过多而坡度变大，牵引绳两端应有保护器来控制牵引绳，防止重量施加到导轨绳后产生重力滑动，导致被送者速度无法控制。

当横渡系统的导轨绳建立好后，还应考虑导轨上所受到的力是否满足静态系统的安全系数（SSSF），这个安全系数是否在可接受范围内。当重物从起始端通过导轨绳移动到目的端时，导轨会随着物体施加的重量产生下沉，假设 100 kg 重量的物体移动到绳桥某点时，绳桥下沉形成的夹角为 120°，两端锚点所承受的拉力为 100 kg；当这个角度变成 150°时，两端锚点承受的拉力分别会增加到 192 kg；当这个角度为 170°时，两端锚点承受的拉力约为 573 kg，如图 2 - 169 所示。

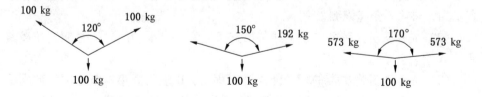

图 2 - 169　角度与受力的关系

织物类装备的安全工作负荷通常是原有装备的 1/10，金属类的装备为 1/5。在制作绳桥、架设紧绷绳系统时，常常会使用滑轮组来收紧主绳，这需要救援人员考虑拉拽滑轮系统的人数。以 10.5 mm 绳索为例，经过 CE 认证的 A 类主绳至少可以承受 22 kN 的拉力（不同品牌的绳索可能会有更加优秀的表现），一个健康成年人拉力的平均值约等于 400 N，通过 1/3 的滑轮组进行拖拽，最大负重为 1200 N，22 kN 的安全工作负荷为 2.2 kN，通过计算确定进行收紧拖拽的人数：$1.2 \text{ kN} \times X \leqslant 2.2 \text{ kN}$，得到 $X \leqslant 1.83$，由于滑轮、保护器的效率小于 100%，一般由两三人进行紧绷绳作业即可。当使用滑轮组提升重物时，如不考虑人数问题，拖拽人数越多，则系统效率越高。

（六）"T"形吊运技术

T 形吊运技术（图 2 - 170）是由横渡技术通过增加绳索及器材装备变化而来的，不仅可以实现两点之间的横向运输操作，还可以实现两点间任意点下放的救援技术。本技术适用于深沟、悬崖等场景。

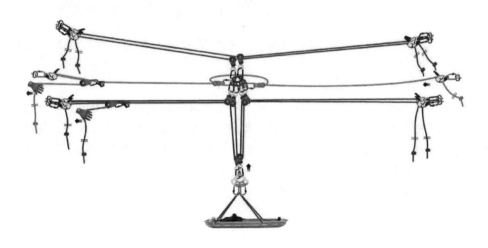

图 2 - 170 "T"形吊运技术

图 2 - 171 是一个典型的"T"形吊运系统，绳索由上至下的功能分别为：

（1）主导轨绳，同轴双滑轮可以同时安装到导轨绳上，也可以使用大型可过绳结单滑轮。

（2）牵引绳，负责两点间横向移动的绳索。

（3）提拉控制绳，由两条组成，负责控制上下移动。

注意事项：

有些情况下，救援人员还应考虑到滑轮的强度，滑轮有时候可能会因超过负荷导致断轴，因此需要增加额外的备份保护，如图2-171所示。

图2-171 其他类型的"T"形吊运系统

T形吊运系统有许多种类，无论使用哪种方式进行吊运，都应满足双重保护、互为备份的原则。

（七）"V"形吊运技术

"V"形吊运系统（图2-172）从下向上提升时，应该为单侧提升，这既是受人员数量限制，也是为了方便控制担架的位置。架设"V"形系统时，空中不能有障碍物。由V形系统还演变出了"交叉拖拉"系统，操作此系统时应注意绳索角度不要大于90°。

图2-172 "V"形吊运系统

第十一节　现场医疗急救技术

医疗急救技能是救援人员必须掌握的技能之一。在突发事件救援现场，熟练运用医疗急救技术，可以对受伤人员开展先期医疗处置，从而能够最大限度地挽救生命、减少人员伤亡及降低致残的可能性。

一、现场检伤分类方法

(一) 伤员批量快速评估及优先级分类

现场医疗救护中，要本着先救命、后治伤的原则，伤员的分类必须有利于生命抢救措施的实施。灾害致使短时间内涌现大批量伤员，这些伤员具有伤情复杂、伤情变化快、损伤部位多、生理紊乱严重、易漏诊、处理较困难等特点，而医疗条件常常不足以同时处理全部伤员，需要应用检伤分类方法快速分流伤员，决定哪些伤员应最先获得救治，并对危及生命的伤情进行同步处理。现代伤员分类是对伤员进行现场伤情判定，以及对伤员伤情的实际严重程度和可能发生的严重程度进行判断。现代伤员分类法是优先处理那些能从现场处理中获得最大医疗效果的伤员，而对那些不经处理也可存活的伤员和即使处理也会死亡的伤员则不予优先处理。运用现代伤员检伤分类法，将会使有限的医务人员和医疗力量发挥最大的作用，使大批量伤员获得最及时的救治。

目前在应急救援中，国际上使用最多的检伤分类方法是简单分类快速处置法（Simple Triage And Rapid Treatment，START）（表 2 - 7、图 2 - 173）。它主要依靠对行走能力、呼吸、循环系统以及意识状态的快速评估对伤情进行判断，对每名伤员的检伤不超过 30 s。

表 2 - 7　START 检伤分类说明

类别	优先级	标识	处　置	描　　述
I 类	第一优先	红色	须紧急处理	严重伤员，经现场生命支持并迅速运送至适当的医院积极救治多可存活。如严重头部受伤不省人事、大量出血（>40%）、休克、颈椎受伤、腹或胸部穿破、呼吸道灼伤、严重病患（心脏病、中风、中暑等）
II 类	第二优先	黄色	可延缓处理	重伤员，伤情比 I 类伤员轻，一定时间内多不致死亡。如严重烧伤、脊椎受创、清醒的头部创伤、中度失血（>15%）、多处骨折等

表 2-7（续）

类别	优先级	标识	处 置	描 述
Ⅲ类	低优先	绿色	可自行走动，延缓处理	可步行，经处理后暂不需紧急后送的轻伤员。如小的挫伤或软组织伤、小型或简单骨折
Ⅳ类	死亡/放弃	黑色	死亡、放弃	死亡或处于濒死状态的危重伤员，脉搏停止、没有呼吸，即使优先急救和运送仍难免死亡。如特重型颅脑伤、心脏伤、胸腹腔内大血管伤

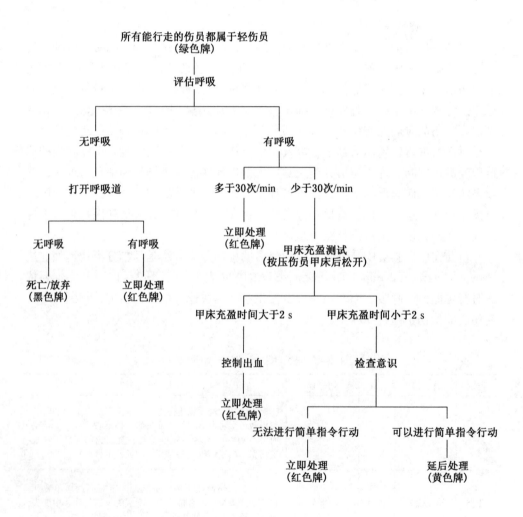

图 2-173 START 检伤分类步骤

（二）伤员动态评估

伤员受到创伤后并发多脏器功能衰竭，使救治工作更加困难。迅速、准确的伤情判定对指导和制订有效的救治原则和措施甚为重要，判定时要注意处理好局部与整体、重点与全面的关系，做好紧急时的重点伤口处理和伤情稳定时的系统检查与处理。灾害事故现场对每个伤员的伤情判定，可分为初检和复检两个阶段。

1. 初检

初检要处理危及生命的或正在发展成危及生命的疾病或损伤。在这一阶段，应特别注意进行基本伤情判定。在自然灾害、重大工业和交通事故等造成大批伤员需要现场抢救的情况下，应对所有伤员的整体伤情迅速做出评价，发现生命垂危的伤员，如呼吸道阻塞、活动性大出血者应立即优先处理。现场伤员的伤情判定方法可按"A、B、C、D、E"的先后顺序进行。

（1）A（airway）——气道是否通畅。检查有无血块、异物、呕吐物阻塞，如伤员气道阻塞，但无脊柱伤，应立即将伤员侧头或转向侧卧，用手指抠出口、咽部异物。确定口腔无异物后可将伤员头后仰，头颈胸保持直线，抬颏、前推下颌打开口腔，保证气道开放，防止舌根后坠。

（2）B（breathing）——呼吸是否正常。按"望、听、感觉"的方法检查呼吸系统。望，即通过观察胸壁的运动判断呼吸；听，即用一侧耳朵接近伤员的口和鼻部听有无气体交换；感觉，即在听的同时，用脸感觉有无气流呼出。呼吸次数是呼吸窘迫的一个敏感指标，应数 10 s，再乘以 6 算出每分钟的呼吸次数。应特别注意开放性气胸或张力性气胸的存在，可由专业医疗救援人员及时判断后，采取胸部创伤封闭包扎或胸腔穿刺减压急救。

（3）C（circulation）——循环是否正常。大出血、四肢血管大出血者应直接用指压法或敷料加压包扎。测定脉率和血压时，如血压测定困难，可进行血压估计，如可触及桡、股、颈动脉搏动，收缩压一般分别在 60、80、90 mm/Hg 左右。

（4）D（disability）——神经系统障碍。观察意识状态，双侧瞳孔大小、对光反射，有无截瘫、偏瘫等。

（5）E（exposure）——暴露检查。根据天气等情况暴露全身各部以发现危及生命的重要损伤，此项检查也可以在复检时进行。

初检主要是为了将那些有生命危险、经迅速治疗后仍可抢救的伤员区分出来，迅速进行维持生命的急救，即基础生命支持。由训练有素的救护员或目击者在事发后数分钟内进行的维持生命的急救，其救生效果比专家在数小时或数天后进行的后续生命支持更有效。

2. 复检

复检强调的是在整个救治过程中需动态评估伤情，对于伤员有两个作用，一是在危及生命的损伤已被诊治，对伤员的危害已减到最低程度时，复检的目的是诊治伤员可能存在的其他较不重要的损伤。二是及时发现伤员伤情变化，如加重，则其救治和后送优先级由低级转换为高级。复检是一个连续、动态的过程。

二、创伤急救四大技术

创伤是外力因素导致的人体组织器官的破坏和功能障碍，主要包括皮肤肌肉内脏损伤、出血、骨折等。在灾难现场，创伤急救应尽快实施，从而维持伤员生命，避免继发性损伤，防止伤口污染。创伤急救四大技术最早来源于战场救护，包括止血、包扎、固定和搬运技术。

（一）止血

出血在各种意外伤害中最为常见，严重的出血（如心脏及大血管破裂所致的严重出血）可致伤员立即死亡，中等量的出血可致休克。正确及时地止血在伤害急救中对于降低伤员死亡率和致残率极为重要，并对后续治疗有非常重要的意义。内出血主要为内脏损伤导致的出血，一般难以发现；外出血主要包括皮肤、骨骼损伤导致的出血，易被肉眼观察到。

1. 出血性质的判断

（1）动脉出血。因血管内压力高，出血呈鲜红色，并与动脉搏动同步的搏动性喷射状出血。可短时间内大量失血，引起生命危险。

（2）静脉出血。呈暗红色，持续性出血，流出速度较为缓慢，一般危险性小于动脉出血。

（3）毛细血管出血。血色多为鲜红色，自创面呈点状或片状渗出，常能自行凝固止血，但如伤口较大，也可造成大量出血。

2. 出血量的估计

血液是维持生命的重要物质，血液总量约占自身体重的8%，出血量是威胁生命健康的关键因素，因此出血量的正确估计在处理大批伤员和急救时十分重要。

（1）少量失血。失血量为800 mL以内，伤员情绪稳定或稍有激动，唇色正常，四肢温度无变化，脉搏为100次/min以内，血压一般正常或稍高。

（2）中量失血。失血量为800～1600 mL，伤员情绪烦躁或抑郁，对外界反应淡漠，口唇苍白，四肢湿冷，脉搏可达140次/min，收缩压下降，可达6.7 kPa（约为50 mmHg）。

（3）大量失血。失血量为 1600 mL 以上，伤员反应迟钝，神志模糊不清或躁动不安，口唇灰色，发绀，四肢冰冷，脉搏极弱或不能测出，收缩压降到 6.7 kPa（约为 50 mmHg）以下或测不出。

3. 止血方法

止血方法主要有指压止血法、加压包扎止血法、止血带止血法、填塞止血法、屈肢加垫止血法、钳夹止血法、药物止血法等。

1）指压止血法

地震、交通创伤等导致的动脉性出血，在受伤后，手头暂时没有合适的器具、物品来有效止血时，可采取指压止血这一紧急措施。指压止血法是用手指压住出血动脉近端（近心端）经过骨骼表面的部分，以达到暂时应急止血的目的，适用于头面颈部及四肢动脉出血急救，一般只能有限地暂时性应急止血，且效果有限，不能持久。紧急情况下可先用指压止血，然后根据具体部位和伤情采用其他止血措施。

（1）头面部出血可压迫下颌骨角部的面动脉、耳前的颞浅动脉和耳后的枕动脉止血。

（2）颈部出血可压迫一侧颈总动脉达到止血目的，一般从第五颈椎横突水平向后压迫。

（3）肩部、腋部出血可在锁骨上凹处向下，向后摸到搏动的锁骨下动脉后，向后压第一肋骨可止住肩、腋部出血。

（4）上臂出血可根据伤部选择腋动脉或肱动脉压迫出血点。腋动脉压迫可从腋窝中点压向肱骨头，肱动脉压迫可以从肱二头肌内侧缘压向肱骨干。

（5）前臂出血可在肘窝部肱二头肌肌腱内侧压迫肱动脉。

（6）下肢出血可压迫股动脉，在腹股沟韧带中点下方压迫搏动的股动脉。有时为增加压力，可将一手拇指置于另一手拇指之上。

2）加压包扎止血法

加压包扎止血法对大多数体表和四肢出血是最常用、最有效、最安全的方法。具体方法是：用消毒的纱布垫（在急救情况下也可用足够厚的清洁布类）将伤口覆盖，再加以绷扎，以增强压力达到止血目的。绷扎的松紧度以能止血为宜，同时应抬高患肢以减轻静脉回流受阻导致出血量增加，如图 2-174 所示。

3）止血带止血法

止血带一般只适用于四肢大动脉破裂出血，且在上述方法不能有效止血时才使用。如压力过大，容易损伤局部组织，因为在绑扎止血带以下部位血流被阻断，造成组织缺血，时间过长则会引起组织坏死；如压力较小，对组织损伤虽

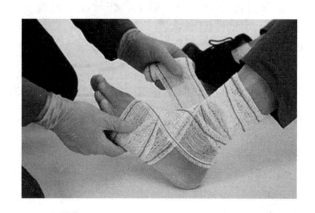

图 2 – 174　加压包扎

小，却达不到止血目的。因此，正确使用止血带可挽救生命，但使用不当会造成肢体缺血坏死以致截肢或止血无效以致严重出血等后果。非四肢大动脉出血或加压包扎即可止血的，均不应使用止血带止血。

（1）止血带的选择：专业的止血带有充气止血带、旋压式止血带和橡皮止血带三种。充气止血带弹性好、压力均匀、压迫面积大，可控制压力，对组织损伤小，易于定时放松及有效控制止血，较其他止血带佳；橡皮止血带易携带和发放，弹性好，易勒闭血管，但压迫面积细狭，易致组织损伤；旋压式止血带是目前院外常用的一款止血带，携带方便、使用简便。紧急情况下也可因地制宜，选用三角巾、绷带、布带等代替。

（2）上止血带的部位：止血带只适用于四肢创伤性动脉止血，原则上应在出血稍上方。但前臂和小腿因血管在双骨间通行，绑扎止血带不仅达不到止血目的，还会造成局部组织损伤，因此，一般绑扎止血带的部位是：上臂宜在上 1/3 处，大腿宜在上 1/2 处。也可掌握"高而紧"的原则，尽量靠近大腿、上臂的最上部。

（3）操作方法：上止血带前，先将患肢抬高 2 min，使血液尽量回流后，在肢体适当部位平整地裹上一块毛巾或棉布类织物，然后再上止血带。上橡皮止血带时，以左手拇指、中指和食指持住一端，右手紧拉止血带绕肢体一圈，并压住左手持的一端，然后再绕一圈，再将右手所持一端交左手食、中指夹住，并从两圈止血带拉过去，使之形成一个活结。

（4）使用止血带的注意事项：①准确记录上止血带时间。止血带是应急措施，也是危险措施。上止血带时间过长（超过 5 h）会引起肌肉坏死、神经麻痹、厌氧菌感染等。因此，只有在十分必要时才使用，准确记录上止血带时间后，紧急将伤患送往医院，尽量缩短使用止血带时间。如超过 1 h，则应每 40 ~ 50 min 放松止血带 3 min（如止血带以下部位组织已明显广泛坏死，在截肢前不宜松解止血带）；如出血量过大，则最长也不宜超过 5 h。止血带的标准压力：上肢为 33.3 ~ 40 kPa，下肢为 53.3 ~ 66.7 kPa，无压力表时以刚好止住出血为宜。②止血带不可直接缠在皮肤上，必须要有衬垫。③在松解止血带之前，要先建立静脉通道，充分补液，并准备好止血器材再松止血带。

（二）包扎

包扎法是常用的急救方法之一，伤口包扎可以压迫止血，保护伤口免受污染；还可以固定骨折以减轻转运途中的痛苦，防止继发性损伤，为伤口愈合创造条件。包扎时应将伤口全部覆盖，包扎稳妥，松紧适度。包扎常使用的材料是绷带和三角巾，在紧急情况下也可因地制宜使用干净的毛巾、其他棉织物等包扎。

1. 三角巾

三角巾应用广泛，可用于身体不同部位的包扎，包扎面积大，使用方便、灵活。急救包中的三角巾有时也会配有大、小纱布各一块作为衬垫使用。

三角巾的包扎方法较多，目前常用的有以下三种。

（1）头面部伤口包扎方法。可根据伤口位置分别选用帽式、风帽式、面具式包扎法，以及普通头部包扎法和普通面部包扎法。先在伤口上覆盖无菌纱布（所有的伤口包扎前均先覆盖无菌纱布，以下不再重复），把三角巾底边的正中放在伤员眉毛上部，顶角经头顶拉到枕部，将底边经耳上向后拉紧压住顶角，然后抓住两个底角在枕部交叉后返回额部中央打结。

（2）胸背部伤口包扎方法。将三角巾的顶角放在伤侧肩上，将底边围在背后打结，然后再拉到肩部与顶角打结而成。也可将两块三角巾顶角连接，呈蝴蝶巾，后采用蝴蝶式包扎方法。

（3）四肢伤口包扎方法。将患手或足放在三角巾上，顶角向前拉在手或足的背上，然后将底边缠绕打结固定。

2. 绷带

绷带使用方便，可根据伤口灵活运用。用适当的拉力将纱布牢牢固定可起到止血目的。

绷带用于胸腹部时，如包扎过紧可影响伤员呼吸。因此，一般多用于四肢和头面伤的包扎。绷带包扎方法很多，需掌握保护伤口、松紧适度的基本原则。

不同部位的包扎方法见表 2 – 8。

表2-8 不同部位的包扎方法

部位	包扎方法	适用范围	具 体 操 作
头部	三角巾帽式包扎	头顶部外伤	先在伤口上覆盖无菌纱布（所有的伤口在包扎前均须先覆盖无菌纱布，以下不再赘述），把三角巾底边的正中放在伤员眉毛上部，顶角经头顶拉到枕部，将底边经耳上向后拉紧压住顶角，然后抓住两个底角在枕部交叉后返回到额部中央打结
	三角巾面具式包扎	颜面部外伤	把三角巾一折为二，顶角打结放在头正中，两手拉住底角罩住面部，然后双手持两底角拉向枕后交叉，最后在额前打结固定。可以在眼、鼻、口处提起三角巾，用剪刀开窗洞
	双眼三角巾包扎	双眼外伤	将三角巾折叠成三指宽带状，中段放在头后枕骨上，两旁分别从耳上拉向眼前，在双眼之间交叉，再持两端分别从耳下拉向头后枕下部打结固定
	头部三角巾十字包扎	下颌、耳部、前额、颞部的小范围伤口	将三角巾折叠成三指宽带状，放在下颌敷料处，两手持带巾两底角分别经耳向上提，长的一端绕头顶与短的一端在颞部交叉成"十"字，然后两端水平环绕头部经额、颞、耳上、枕部，与另一端打结固定

表 2-8（续）

部位	包扎方法	适用范围	具 体 操 作
颈部	三角巾包扎	颈部受伤	使伤员健侧手臂上举，抱住头部，将三角巾折叠成带状，中段压紧覆盖的纱布，两端在健侧手臂根部打结固定
	绷带包扎	颈部受伤	方法基本与三角巾包扎相同，只是改用绷带，环绕数周后打结
胸部、背部、肩部、腋下部	胸部三角巾包扎	单侧胸部外伤	将三角巾的顶角放于肩的伤侧，使三角巾的底边正中位于伤部下侧，将底边两端绕下胸部至背后打结，然后将三角巾顶角的系带穿过三角巾的底边与其固定打结
	背部三角巾包扎	单侧背部外伤	方法与胸部包扎相似，只是前后相反
	侧胸部三角巾包扎	单侧胸外伤	燕尾式三角巾的夹角正对伤侧腋窝，双手持燕尾式底边的一端，紧压在伤口的敷料上，将顶角系带环绕下胸部与另一端打结，再将两个燕尾角斜向上拉到对侧肩部打结
	肩部三角巾包扎	单侧肩部外伤	将燕尾三角巾的夹角对着伤侧颈部，巾体紧压在伤口的敷料上，燕尾底部包绕上臂根部打结，然后将两个燕尾角分别经胸、背拉到对侧腋下打结固定

表 2 - 8（续）

部位	包扎方法	适用范围	具 体 操 作
胸部、背部、肩部、腋下部	腋下三角巾包扎	单侧腋下外伤	将带状三角巾中段紧压在腋下伤口的敷料上，再将三角巾的两端向上提起，于同侧肩部交叉，最后分别经胸、背斜向对侧腋下打结固定
腹部	腹部三角巾包扎	腹部外伤	双手持三角巾的两个底角，将三角巾底边拉直放于胸腹部交界处，顶角置于会阴部，然后两底角绕至伤员腰部打结，最后顶角系带穿过会阴与底边打结固定
四肢	臀部三角巾包扎	臀部外伤	方法与侧胸外伤包扎相似。只是燕尾式三角巾的夹角对着伤侧腰部，紧压在伤口的敷料上，将顶角系带环绕伤侧大腿根部与另一端打结，再将两个燕尾角斜向上拉到对侧腰部打结
	上肢、下肢绷带螺旋形包扎	上、下肢除关节部位以外的外伤	先在伤口的敷料上用绷带环绕两圈，然后从肢体远端绕向近端，每缠一圈盖住前圈的 1/3～1/2，成螺旋状，最后剪掉多余的绷带，用胶布固定

168

表 2-8（续）

部位	包扎方法	适用范围	具 体 操 作
四肢	8字肘、膝关节绷带包扎	肘、膝关节及附近部位的外伤	先用绷带的一端在伤口的敷料上环绕两圈，然后斜向经过关节，绕肢体半圈，再斜向经过关节，绕向起点相对应处，再绕半圆回到原处。反复缠绕，每缠绕一圈覆盖前圈的 1/3～1/2，直到完全覆盖伤口
手部、脚部	手部三角巾包扎	手外伤	将带状三角巾的中段紧贴手掌，将三角巾在手背交叉，三角巾的两端绕至手腕交叉，最后在手腕绕一周打结固定
	脚部三角巾包扎	脚外伤	方法与手部包扎相似
	手部绷带包扎	手外伤	方法与肘关节包扎相似，只是环绕腕关节8字包扎
	脚部绷带包扎	脚外伤	方法与膝关节包扎相似，只是环绕踝关节8字包扎

（三）固定

固定是针对骨折等外伤的现场急救基本技术，其目的是防止骨折断端血管、神经及脏器受到继发性损伤，以及防止出现脊髓损伤，便于后送。自然灾害、事故灾难发生时，因外力冲击可导致颈部外伤、颈椎损伤，如果没有及时发现，后续的活动可能引起颈髓损伤，高位颈髓损伤可直接导致呼吸肌无力，甚至死亡。因此，伤员意识清楚时，一定询问受伤过程和受伤部位；而伤员意识模糊时，需要尽量检查全身，并按照可疑颈椎、脊椎外伤进行相应固定，先固定后搬运。

四肢开放性骨折若损伤主要动脉，应先止血，然后在伤口处用无菌敷料包扎后再固定。闭合性骨折若有明显成角、旋转畸形、压迫血管神经、骨折尖端顶于皮下或即将穿破形成开放性骨折时，可先顺着肢体纵轴牵引后固定。常用固定材料有夹板、石膏、绷带以及木板、竹片、树枝等就便材料。如无固定材料，也可用自体固定法。

1. 上肢骨折固定

（1）三角巾临时固定法。对上肢的任何骨折、脱位部位进行临时固定时均可用三角巾将患肢固定于胸壁。这种固定方法简单，所需器材少，但由于胸壁有一定运动幅度，不够稳定，故只适用于急救。固定方法是：先将第一块三角巾放在躯干前面，上端经伤侧肩部搭在颈后，将伤肢肘关节屈曲90°横放于胸前，再将三角巾下端提起，搭过伤员健侧肩部，在颈后将两端绑扎，将伤肢悬吊在颈上，将第二条三角巾折叠成宽带，把伤肢上臂部固定在胸侧壁。

（2）可塑型夹板固定法。对肩关节或肱骨骨折，可应用可塑型夹板将肩关节完全固定。将一个1 m长的可塑型夹板，用棉垫包绕后，上端从健侧肩峰开始，绕过背部、伤侧肩部和肘部的外侧到掌横纹，肩关节放在内收位，上臂贴于胸侧壁，肘关节屈曲90°，外面再用绷带或三角巾将伤肢固定于胸壁。使用短一些的可塑型夹板固定肘关节、前臂和腕关节的损伤，从肩关节开始向下固定直到掌横纹，先将上臂和前臂固定于夹板上，再将上肢固定于胸前壁。

2. 下肢骨折固定

（1）三角巾健肢固定法。急救现场如缺乏工具时，最简单的固定方法是将伤肢固定于健肢上。先在骨突部位用棉垫隔开，后用三角巾或绷带分别在踝上部，膝上、下部及大腿根部将两腿绑扎在一起，即可达到固定目的。

（2）简易夹板固定法。急救时可利用易于找到的木板、竹板等作为临时固定工具，对于大腿，特别是髋关节的损伤，为了固定结实，长度最好上抵腋窝，下面长出足底，用绷带或三角巾将其固定于伤肢和躯干部。

（3）可塑型夹板固定法。可塑型夹板易于携带，因此，下肢的骨折和关节损伤也可利用可塑型夹板来固定。大腿和髋关节损伤固定时，应在其外侧用夹板从腋部开始放置直到足底作外侧固定，膝关节、小腿、踝关节和足部损伤可利用铁丝、夹板从后侧固定，下端应超过趾端，以免足趾受压。

3. 脊柱骨折固定

对怀疑有脊柱损伤的，无论有无肢体麻木，均应按脊柱骨折对待。不应做任意搬动或扭曲脊柱，搬运时应使脊柱保持伸直，顺应伤员脊柱轴线，滚身移至硬担架或平板上。一般采取仰卧位，密切观察全身情况并保持呼吸道通畅，防止休克；颈部损伤者需专人扶牵头颈部维持其轴线位后才能搬运，严禁对怀疑有脊柱脊髓损伤员实施一人抱送或二人抬肢体远端扭曲伤员搬动。

4. 骨盆骨折固定

应注意防止失血性休克和并发直肠、尿道、阴道、膀胱等脏器损伤。临时搬运时可用三角巾或被单折叠后兜吊骨盆，置担架或床板上后，两膝保持半屈位。

搬运伤员应尽可能采用担架搬运，这样做既可减少意外发生，又有利于伤员恢复健康。

在搬运过程中，尤其是危重伤员，应由医务人员陪送，随时观察伤员的表现，如呼吸、面色等，注意保暖，但也不要将头部包盖过严，影响呼吸。在搬运中，伤员戴有吸氧装置及静脉输液装置的，要注意观察吸氧管是否脱落、静脉点滴的速度等情况，若有异常及时处理。

（四）搬运

把伤员解救出来，搬运到空气流通、相对安全的地点（救护点），在现场采取相应的急救措施，并尽快准备好运载工具，将伤员转运到医院救治的过程就是搬运。搬运过程关系到伤员的安全，处理不当会前功尽弃。

搬运方法的选择，主要是根据伤员的伤情以及地形等情况来判断，不能生拉硬拽，不能只要求快。要稳，同时要注意安全，避免对伤员产生继发损伤。对于转运路程较近、病情较轻、无骨折的伤员常采用徒手搬运法，包括狭小空间内的侧身匍匐搬运法、匍匐背驮搬运法；现场环境危险，必须快速将伤患者移到安全区域时，可用拖行法。

搬运前，首先必须妥善进行伤员的早期救治，如外伤员的抗休克、止血、包扎、固定等，危重伤员须待病情相对稳定后再搬运。受现场条件限制，某些伤员必须尽快送至医院治疗，要做好防范意外的措施。脊椎骨折或损伤的伤员，在搬运前一定要固定肢体。颈部用颈托固定，胸、腰部用宽布带等固定在担架上，最好是硬板担架，有条件者可用特制的真空塑型担架。

在人员、器材未准备妥当时，切忌搬运伤员，尤其是搬运体重过重和神志不清者，途中可能因疲劳等原因而发生滚落、摔伤等意外。

搬运方法有很多，救护人员可因地因时制宜地选择适合伤员的搬运方法。最好的搬运方法是用规范化的担架搬运伤员。但是在灾害现场条件受限等情况下，如缺少担架等搬运器材，可适当运用徒手搬运方法。

1. 担架搬运法

担架搬运法最为常用，对于转运路途长、病情重的伤员尤为适合。

（1）担架的种类。担架是运送伤员最常用的工具，常见的担架有铲式担架、脊柱板、真空抽气塑型担架、自动上车担架、吊篮担架、车式复苏担架等。在紧急情况下，还可因地制宜地自制简易担架，如用帆布、绳索、被套、衣服等，加上竹竿、木棍、横木制成简易担架。

（2）担架搬运的方法。由3～4人一组，将伤员移上担架，走平路或下坡时伤员头部在后，足部向前，上坡时头朝前、足部朝后。抬担架的人脚步、行动要一致，前面的人开左脚，后面的人开右脚，力求步调一致，平稳前进。向低处抬（下坡或下楼）时，前面的人要抬高，后面的人要放低，上楼或上坡时则相反，使伤员始终保持在水平位置。走在担架后面的要注意观察伤员的情况。伤员的头部一侧重量显著重于足部一侧，力气小的人尽量由两人一组举抬头部一侧，以免发生意外。

2. 徒手搬运法

当现场找不到担架及替代用品，或搬运路途又较近、病情较轻时，可适当采用徒手搬运法。但这样无论对搬运者或伤员都比较劳累。对病情重者，如骨折、胸部创伤、颅脑损伤、烧伤等伤员，不宜使用此法搬运。

三、心肺复苏

心肺复苏术（Cardiopulmonary Resuscitation，CPR）是针对骤停的心脏和呼吸采取的救命技术，目的是恢复伤员的自主呼吸和血液循环。

心搏骤停（Cardiac Arrest，CA）是指各种原因引起的、在未能预计的情况下和时间内心脏突然停止搏动，从而导致有效心泵功能和血液循环突然中止，引起全身组织细胞严重缺血、缺氧和代谢障碍，如不及时抢救，可能立刻失去生命。

心肺复苏是通过一系列操作步骤实现的。在急救现场，救援人员的动作是否正确，直接影响抢救效果。因此，尽管心肺复苏操作很简单，但动作要求应严格按照标准进行。

（一）心肺复苏的基础知识

1. 心脏复苏

（1）心脏复苏的定义。心脏复苏是通过人工胸外按压的方法，使心脏停搏的伤员重新恢复心搏功能的技术。

（2）心脏骤停的常识。心脏骤停也称循环骤停，是指各种原因引起的心脏突然停搏，可引发意外性非预期死亡，也称猝死。发生创伤、触电、溺水、窒息等情况时极易出现心脏骤停。

心脏骤停临床表现为意识丧失（常伴抽搐）、呼吸停止、心音停止及大动脉搏动消失、瞳孔散大、发绀明显。按一般规律，心脏停搏 15 s 后意识丧失，停搏 30 s 后呼吸停止，停搏 60 s 后瞳孔散大固定，停搏 4 min 后糖无氧代谢停止，停搏 5 min 后脑内能量代谢完全停止，所以缺氧 4～6 min 后脑神经元会产生不可恢复的病理改变。

（3）心脏复苏的原理。通过胸外按压，使胸骨与脊柱之间的心脏受到挤压，推进血液向前流动。松开按压时，心脏恢复舒张状态，心腔扩大产生吸引作用，促使血液回流，起到人体正常循环的作用。

2. 肺复苏

（1）肺复苏的定义。肺复苏是指在事发现场通过口对口（鼻）人工呼吸的方法，使没有自主呼吸或呼吸困难的伤员进行被动呼吸，起到模拟人体正常呼吸的作用，简单地说就是使呼吸停止的人恢复呼吸。这是一种快速有效地向伤员提供氧气的方法。

（2）肺复苏的原理。空气中含氧量约为 21%，二氧化碳含量为 0.04%，其余大部分为氮。经过人体呼吸，呼出的气体含氧量下降为 16%，二氧化碳含量升高为 4%。在实施口对口（鼻）人工呼吸时，伤员吸进救援人员的"呼出气"，虽然其中的氧浓度比空气中的略低，二氧化碳浓度较高，但在伤员心跳呼吸停止后，肺处于半塌陷状态，吹入肺内的气体能使肺扩张，气体中的氧含量足够伤员使用，少量的二氧化碳还可起到刺激伤员恢复自主呼吸的作用。

一旦发现有人倒地，在最短时间内做出正确的判断和处置，最大限度地保护伤员和救援人员的生命安全，是医疗辅助人员必须掌握的基础急救技能。

（二）徒手心肺复苏的操作流程

1. 安全评估

发现有人倒地后，为了保障自己、伤员和周边人的安全，首先要确定现场是否安全。如有必要，先将伤员移至安全平坦的地方，并维持好现场秩序，同时要做好自我防护。

2. 伤员识别

识别出维持生命的三大关键系统（神经系统、呼吸系统、循环系统）有无问题，对伤员的情况进行初步判断，包括意识、呼吸、心跳，以及是否有危及生命的大出血，对于后续抢救十分重要。三大系统中任何一个系统出现问题都是重要且紧急的，如图 2 – 175 所示。

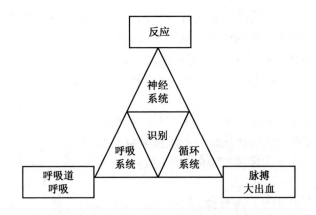

图 2 – 175　识别出维持生命的三大关键系统

呼吸、心跳和意识是生命体征的基本表现。如果看到一个人毫无知觉地倒在地上，通常的做法是先呼叫伤员，如无反应，再把手指放在伤员的鼻孔处，测试是否还有呼吸，再摸一下脉搏，看是否还有搏动，以此来判断有无生命迹象。

（1）识别反应。意识清醒程度是伤员识别中最重要的生命体征，意识清醒的伤员可以准确叙述自己的症状，并表达自己的意见；意识不清或者昏迷伤员可能情况危急。因此，应首先判断伤员是否有意识。

正确做法是拍打双肩或给予疼痛刺激，并大声呼唤："先生/女士，你怎么了？"（如果是认识的人，则可以直接呼唤对方姓名）。如伤员没有反应，则观察伤员胸腹部，判断呼吸是否正常，如图 2 – 176 所示。

（2）对外呼救。确认伤员无反应且无呼吸或呼吸不正常时，救援人员应马上大声呼救："快来人啊救命啊，这里有人需要急救，请立即拨打急救电话120，然后回来帮我!"如果现场只有一名救援人员，应尽早拨打120求救，同时立即进行心肺复苏，如图2-177所示。①向旁人呼救。在现场向周边大声呼救，指定人拨打急救电话，指定人留下来帮忙。②向急救中心呼救。向急救中心调度员清晰告知伤员情况、人数、时间、地点等重要信息，调度员挂电话后方可挂机，并保持电话不被占线，如有需要，多预留一个现场联系电话。如有可能，可在调度员指导下对伤员进行处置。安排人引导救护车，疏通救护通道。

（3）识别呼吸。呼吸是生命存在的象征，呼吸停止后心脏也会随之停止跳动。正常情况下成人的呼吸频率为12～20次/min，且节奏均匀、强度一致。若呼吸频率超过30次/min或者低于10次/min都是不正常的表现。正常呼吸时，胸腹部有起伏。当伤员在5～10 s内都没有被观察到有呼吸动作，且丧失意识时，应立即采取心肺复苏。

正确做法：以6 s判断伤员呼吸是否正常为例，可以默数（数4个音节约为1 s）"一千零一"到"一千零六"，同时观察胸腹部是否有起伏，从而判断有无呼吸，或是否为无效呼吸，如图2-178所示。如果伤员无反应且无呼吸或处于濒死呼吸（即只有喘息），即可判断伤员心搏骤停，应立即实施心肺复苏。

图2-176　识别反应　　　图2-177　对外呼救　　　图2-178　识别呼吸

注意事项：无呼吸和濒死呼吸是两种最危急的情况。检查时注意判断时间不要过短（少于5 s），也不要过长（多于10 s）。

3. 摆正体位

进行心肺复苏前，摆正体位的方法和时间根据具体情况而定。通常情况下，心脏骤停的伤员需要仰卧在坚实的平面上，伤员的头、颈、躯干平直无扭曲，双手置于两侧。如伤员是俯卧位或侧卧位，应迅速跪在伤员身体一侧，一手固定其颈后部，另一手固定其一侧腋部（适用于颈椎损伤）或髋部（适用于胸椎或腰椎损伤）。将伤员整体翻动，成为仰卧位，即头、颈、肩、腰、髋必须同在一条轴线上，同时转动，避免身体扭曲，造成脊柱脊髓损伤，如图2-179所示。

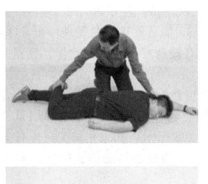

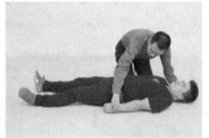

图2-179　摆正伤员体位

4. 胸外按压

（1）定位。救援人员跪在伤员一侧，掌根放在胸部中央、胸骨下半部（两乳头连线的中点），不要按压心脏位置，如图2-180所示。

遇到乳房缺失、乳房下垂等特殊体型时，救援人员以左手食指和中指横放在胸骨下切迹的上方（即胸骨下切迹上两横指），食指上方的胸骨正中部即为按压位置，也可将手掌虎口处顶置腋窝，掌根横行平移至胸骨。

（2）按压手势。将一只手的掌根部放置在伤员胸部中间，另一只手的掌根放在该手的手背上，掌根重叠，十指交扣，双臂绷直，垂直按压。伸直双臂，使双肩位于双手的正上方，保证每次按压的方向垂直于胸骨。以髋关节为支点，利用杠杆原理，巧用上半身的力量往下用力按压，如图 2 - 181 所示。

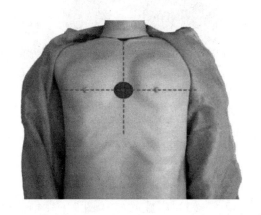

图 2 - 180　按压位置

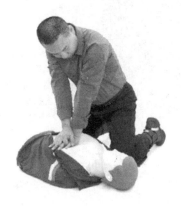

图 2 - 181　按压手势

（3）按压要领。按压以 100 ~ 120 次/min 的速率进行。大声计数按压次数。每次按压时始终发两个音节，如 1 次、2 次、3 次或 01、02、03。成年人每次按压的深度为 5 ~ 6 cm，即伤员胸部下陷 1/3 深度。每次按压后，让胸部充分回弹到正常位置，回弹时间与按压时间大致相同；每次中断按压的时间不超过 10 s。按压中忌太深、太浅、太快、太慢；不要中断，按压时间不要过长，不要冲击式按压。

5. 人工呼吸

在完成 30 次按压后，需要给予 2 次人工呼吸。人工呼吸时，当可以看到胸部隆起，说明是有效的人工呼吸。

（1）清理口腔。在开放气道之前，先检查口腔有无异物，如果有异物，先清理口腔异物。如果有明显异物，例如呕吐物、脱落的牙齿等，可以用手指抠出，以保持气道通畅，如图 2 - 182 所示。

（2）开放气道（图 2 - 183）。将一只手掌置于伤员前额，另一只手的食指和中指置于下颌靠近下颌角的骨性部位，抬起下颌，使其头部后仰，下颌与地面垂直。

注意事项：不要使劲按压颏下的软组织，因为这样可能会阻塞气道；不要完全封闭伤员嘴部。

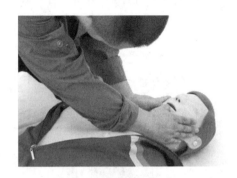

图 2 - 182　清理口腔异物

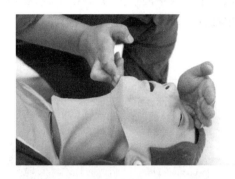

图 2 - 183　开放气道

图 2 - 184　实施吹气

（3）实施吹气（图 2 - 184）。口对口人工呼吸是为伤员快速、有效地提供氧气的方法。在保持气道开放的同时，用拇指和食指捏住伤员的鼻子。正常吸一口气。用口完全密闭包住伤员的口。给予 2 次人工呼吸（每次吹气 1 s，可以默数 4 个音节："一千零一"或"1001"）。每次人工呼吸后，观察伤员的胸部是否有隆起。按压中断的时间不要超过 10 s。

如果救援人员不能或不愿意进行口对口人工呼吸，可以不做，但必须持续不断地进行胸外按压，即只用手实施心肺复苏而不用嘴，因为胸外按压比人工呼吸更为重要。若实施人工呼吸，需要注意个人防护，可用呼吸面膜或便携式面罩等，它可以保护救援人员不受血液、呕吐物或者传染性疾病感染。

6. 复苏体位

复苏体位是一种气道保护体位，保护意识未恢复的伤员免于气道阻塞、呕吐误吸等，防止发生窒息意外。适用于意识障碍伤员，以及心肺复苏成功但神志尚未恢复的伤员，在其等待进一步救援时可采取复苏体位。其操作步骤如下：

（1）将伤员仰面置于平面。

（2）面向伤员双膝跪地，身体中线对准伤员腰部，膝盖距伤员身体一拳远。

（3）将伤员近侧上肢上摆成直角，远侧下肢屈曲支起。

（4）一手握伤员远侧上肢，一手握伤员远侧下肢膝盖，将伤员向自己方向翻动。

（5）将远侧手掌掌心向下放置于颌下，面口稍向地面，头稍后仰，开放气道。

（6）远侧的下肢膝盖着地，起三角支撑作用，整个身体平面与地面呈45°。

（7）每 5 ~ 10 min 重复检测伤员的呼吸、心跳、意识、皮肤等生命体征。

7. 灾害现场心肺复苏注意事项

（1）安全原则：进行复苏时一定要注意现场环境安全，避免余震、漏电、危险气体等威胁救护者和伤员的安全。

（2）灾害伦理：当有大批量伤员时，迅速判断伤员伤情，需要将有限的医疗资源优先投入存活希望大的伤员抢救中。对于无复苏可能的濒危伤员，建议清除口腔异物后，调整伤员于恢复体位，同时开放气道，不再做后续按压操作，转为下一名伤员救治。在救护力量较充足时，对灾害现场发现的创伤性呼吸心搏骤停伤员要进行积极救治。

（3）优先原则：根据现场救治经验，对于呼吸心搏骤停、电击伤、溺水等特殊情况，积极给予心肺复苏，抢救成功率会大幅提升，因此，在救援力量允许的情况下，对这类呼吸心搏骤停伤应积极抢救。

（4）重视原发创伤的急救：将引起心脏骤停的创伤因素解除，才能提高复苏成功率，比如呼吸道梗阻、大失血、张力性气胸等伤情。

四、自动体外除颤仪

室颤是指心室肌快而微弱的颤动，不协调的收缩使心脏失去有效的泵血功能，心电图表现为不规则的颤动波形。室颤是引发心脏骤停猝死的常见因素之一。心源性猝死是 21 世纪人类面临的最大威胁，占猝死伤员的绝大多数。及时发现并及时电击除颤和心肺复苏可挽救相当比例猝死者的生命，除颤可提高心肺复苏的成功率达 30%；从倒地至除颤，每延迟 1 min，伤员生存的概率大约降低 10%。自动体外除颤仪（AED）能够自动识别需要电击的异常心律并予以电击，具有以下优点。

（1）能够通过给予电击来终止异常心律（室颤或无脉性心动过速），并使心脏的正常节律得以恢复。

（2）便于操作，非专业人员和医务人员经过培训均可操作。

（3）除颤和心肺复苏一起使用能更有效提高现场复苏率。

（4）能自动识别是否需要除颤，如提示不需要除颤，则继续实施心肺复苏。

自动体外除颤仪的使用步骤如下：

（1）开机。按"开启"按钮或掀开盖子，开启自动体外除颤仪的电源，取出电极片。脱掉或剪开伤员的衣服，擦干伤员胸部的汗水，如图 2 - 185 所示。

（2）贴上电极片。撕去电极片贴膜，按照电极片上图示，将一张电极片贴于伤员右胸上部，即锁骨下方（电极片的上缘紧贴锁骨下方，侧缘紧贴胸骨右缘），另一张贴于伤员左侧胸壁（电极片上缘紧贴平乳头连线，中点在腋前线），如图 2 - 186 所示。

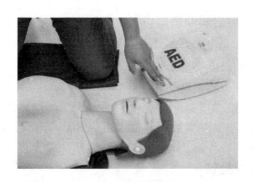 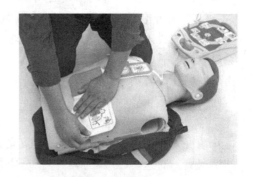

图 2 - 185　按下开机键　　　　　　　　图 2 - 186　贴电极片位置

（3）插上插头。自动体外除颤仪开始分析伤员心率时，停止按压，并确保没有其他人员接触伤员，如图 2 - 187 所示。按照自动体外除颤仪语音或屏幕提示操作。

（4）当自动体外除颤仪充电完成后，放电键会连续闪烁，指示开始电击，操作者再次确定周围人都离开伤员，按下放电按钮，如图 2 - 188 所示。

完成放电后，立即恢复心肺复苏，并按照语音提示，重复"分析 - 除颤"过程直至伤员复苏成功或急救医生抵达。

注意：若出现溺水事故，则将伤员从水中拉出后快速擦拭胸部的水；若伤员躺在雪中或小水坑中，要快速擦拭胸部汗或水后再使用 AED；不要给成人使用儿童电极片；不满 8 岁的儿童应选用儿童电极片。

图 2 - 187　确保不要碰触伤员

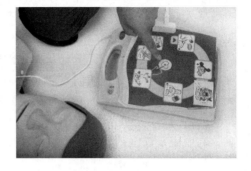

图 2 - 188　放电

五、建筑物倒塌压埋伤员的特殊救治事项

（一）挤压综合征的现场早期干预

地震灾害事故中，挤压伤及挤压综合征仅次于创伤，排名第二，因此对挤压伤伤员的早期诊断、系统和及时的现场救治对于地震灾害后降低伤者的死亡率非常重要。挤压综合征是肌肉肥厚的肢体或躯干受到重物长时间挤压，受压肌肉发生缺血改变，继而引起肌红蛋白血症、肌红蛋白尿、高钾血症和急性肾衰竭表现的症候群。找到被压埋的幸存者，需要搞清楚 3 个问题——压埋时间、压埋部位、压迫重量（估值）。

1. 病因

挤压综合征多发生在地震等灾难性事故中，由于房屋倒塌，四肢或肌肉肥厚的躯干被重物长时间挤压所致。此外，矿井、建筑工地的各种塌方事故也易产生此征。神志不清或昏迷状态中的伤员，由于长时间的被动体位也会发生挤压，从而引发挤压综合征。

2. 现场表现

（1）局部表现。肌肉受到长时间挤压后，受压肌肉发生变性、缺血、坏死和血管通透性增加。当压力解除后，血液重新流入伤处，但由于局部小血管和毛细血管破裂，微血管通透性增强，使肌肉水肿，体积增大，必然造成筋膜间隙区内压上升。当间隙内压升到一定程度，肌肉组织的局部循环发生障碍，使静脉回流受阻和小动脉灌注压降低，造成血液和血浆渗入到肌肉内的组织间隙。导致受压部位高度肿胀，皮肤发硬，可见皮下瘀血，受压皮肤周围有水疱形成。受压肢体麻木、运动障碍，甚至有肢体远端苍白、发凉、动脉搏动减弱或消失。但也有少数病人局部改变不重，也不能排除挤压综合征。要特别注意局部压痛、皮肤感觉障碍，肢体主动和被动活动时引起疼痛等体征。

（2）全身表现。大部分伤员因强烈的神经刺激，大量血浆渗入到组织间隙，使有效循环血量减少，从而发生休克。当发生挤压综合征时，因有大量肌肉坏死，向血中释放大量钾，加上肾功能障碍时的排钾困难，使伤员在 24 h 内血钾升到致命的程度，伤员表现出严重的心律失常。存在高血钾的同时还会有高血磷、高血镁及低血钙，这些电解质紊乱又会加重钾对心肌的抑制和毒性作用。

3. 现场救治

来自解放军总医院第三医学中心的中国国际救援队医疗团队总结救援经验，在其研究成果"策略性地震灾害现场救护指南和关键技术（Strategic Earthquake Casualty Care，SECC）"中指出，挤压伤及挤压综合征的现场治疗主要分为解除压迫前、解除压迫时、解除压迫后及转运时 4 个时期。经过这 4 个时期后，伤员转运至医院进行进一步的专科治疗。

1）解除压迫前的干预

从发现伤员到解除压迫操作开始之间进行的治疗为解除压迫前治疗。此时的治疗主要包括情况评估及进行初步的对症处理。

（1）现场环境及伤员情况评估。在发现伤员后，首先需要对周围环境进行初步评估，评估内容包括现场环境的安全评估、伤员所处环境的稳定性以及治疗时所需空间的安全性。如果现场环境安全性不足，环境欠稳定或者缺乏空间进行对伤员的处理，强行对伤员的治疗有可能在治疗期间出现意外，无法保证伤员生命安全的同时也无法保证参与救援人员的安全。必须在保证现场环境安全稳定的情况下，再进行下一步评估或者治疗操作，避免在现场救援过程中造成不必要的受伤。

当确认受灾现场环境安全稳定后，可对伤员情况进行评估。此时评估内容包括对伤员生命体征的评估，受伤部位及受伤程度的初步评估，尿量、心率的评估，以及对挤压伤及挤压综合征的初步诊断。情况评估可以对后续治疗操作及救援处理有重要指导意义。

（2）对伤员进行初步的对症处理。与被埋伤员建立联系后，立即开始医疗评估。需掌握被埋伤员的生命支持技术，熟悉挤压伤的处理、补液以及与挤压相关的急性肾损伤。在任一肢体建立大口径的静脉通路（即使受害者仍然在废墟下），开始补充等渗的生理盐水。补液速度建议成人为 1 L/h，儿童为 15 ~ 20 mL/kg/h，并持续 2 h，2 h 后每小时补液量可减半。挤压综合征伤员大部分处于高钾状态，而林格氏液含有钾离子，因此应避免使用林格氏液。此外，林格氏液还能使钙离子沉积，从而加重低钙血症。

（3）现场救援人员和医护人员共同决定和计划营救的时机。如果有条件，可在搬动过程中重新评估伤员。

2）解除压迫时的干预

经过解除压迫前的一系列评估及治疗准备后，在保证伤者及救援人员生命安全的情况下解除压迫。此时的治疗仍然主要以补液治疗为主，补液方案同解除压迫前方案一致。营救被埋伤员所需的时间差异很大，通常需要 45～90 min，但有时需 4～8 h，这取决于灾难的严重程度、救援物资的有效性、当地条件及伤员情况。因此，给予补液（等渗液体）的输液速度为 1 L/h，以预防低血容量及纠正血容量不足。给少尿的伤员快速补液可能导致液体超负荷，尤其在营救持续 2 h以上时。在这种情况下，应减慢输液速度至少 50%（≤500 mL/h）。其他影响输液速度的因素如：年龄（老人或小孩容易容量超负荷），体重指数（体重指数较大的伤员需要更多液体），创伤类型（严重的创伤需要更多液体），废墟下时间（营救过程延长需要的液体量较大），估计的液体丢失量（出血和高温环境下的伤者需要更多液体）。如果知道伤员存在并发症如充血性心力衰竭和慢性肾功能不全，在补液中应考虑。如果很难接触到伤员，努力通过触摸他们的内衣评估伤员尿量。如果触摸到任何与出血不相关的潮湿，可以假定这是排尿所致，可以按照推荐速度补液。

在不能解救出伤员受压的肢体或者需要立即营救出伤员的情况下，若建筑物有即刻倒塌的危险时，应对伤员受压肢体进行截肢，并尽可能在远端手术。这些伤者随后的营救流程是用止血带捆扎伤口上端，防止大出血。一旦伤员被营救出来应解开止血带，给予适当的止血。受到严重创伤并伴广泛组织坏死的肢体是肌红蛋白可能释放进入身体的重要来源，因此截肢可以预防挤压综合征。然而现场截肢可能会造成大量出血和继发感染，因此只在挽救生命时才考虑使用，仅作为挽救生命的干预措施，不能用于预防挤压综合征。

3）解除压迫后的早期治疗

地震后，受损的建筑物可能在余震中随时倒塌，因此需尽快将营救出来的伤者从倒塌的建筑物下搬运出来，转移到安全位置，这也是整个救治过程中可能出现伤情变化的一环。当肢体被解除压迫后，此前缺血的肢体供血恢复，而体液淤积于受损部位中，从而导致循环血量的下降，这可能引起低血容量性休克。肢体重新供血后，组织及器官会出现缺血－再灌注损伤，造成细胞内钙离子超载，而细胞中钾离子等释放进入血中引起高钾血症，这可能引起心脏骤停或者致死性心律失常。因此，及时正确地进行解除压迫后的治疗非常重要。此治疗主要包括：①全面检查并再次评估病情以确定和处理在初筛过程中遗漏的任何损伤；②分类救治，分配有限医疗资源给那些预期能够得到最大获益的伤员，尽可能挽救最多的生命；③启动高级创伤生命支持医疗技术；④在医疗力量充足的前提下，则不应考虑创伤的严重程度，给所有的伤员提供最佳的医疗救治，包括但不仅限于气道阻塞、呼吸困难、疼痛、低血压、高血压、心肌缺血和心肌梗死、心力衰竭、骨折和伤口污染等。

4）转运途中的治疗

被解救之后的伤者经过现场救治后，待情况稳定及条件允许后，可尽快转运至医院治疗。转运前准备好抢救所需的药物和设施，若伤员病情出现恶化，需及时在途中进行抢救。密切监测尿量，要求清醒的伤员排泄在容器中。复苏后如仍无排尿，排除尿道出血或撕裂伤后，可将尿管插入膀胱留置尿管。

当伤员顺利到达医院后，需将病情相关资料与医院医务人员进行交接，特殊情况应详细交接。

（二）狭小空间救援

狭小空间也称作狭窄空间、有限空间，具有空间狭小、通道限制的特点。地震导致建筑物倒塌形成狭小空间，成为幸存者的生存缝隙，正因为生存通道受限，所以救援难度高，救援技术复杂。对被压埋在废墟下的伤员进行评估和治疗，都会因为环境狭小而受到限制。对被困伤员的医学评估应当在与其建立联系后立即开始。口头交流可能是最初阶段唯一评估方式。直到获救前一刻，甚至只有在获救之后才能完成初筛的体格检查，这种情形并不少见。必须意识到即使伤员完全清醒且非常配合，仍然可能存在严重并发症的情况。

（1）救援的安全原则。开展狭小空间现场救治的救援队伍应具有经过专业培训的医疗队员与设备。现场作业的行动小组应根据岗位设置要求设立安全员，与行动组长在行动前交叉检查全体组员的个体防护装备。安全员应对作业环境开展风险评估，现场行动人员应能够使用救援信号系统。

（2）伤情特点。狭小空间内，被压埋在废墟下的伤员在一些方面可能有别于其他情况下受创的伤员：①常常因为多种机制造成气道和呼吸问题；②常常有脱水和饥饿表现；③严重肢体挤压伤的伤者在急性期和之后阶段有出现威胁生命的心律失常的风险；④在后期有败血症和肾衰竭的风险；⑤肢体的麻木感和刺痛感提示脊髓损伤，但被压埋往往导致伤者在获救之前无法进行标准的脊柱制动等。

（3）基本创伤技术。止血、包扎、固定、搬运是每名进入狭小空间工作现场的救援队员需要掌握的基本创伤急救技术。控制肢体大出血是其中最重要的一项，现场可以考虑尽早将一个或多个紧急止血带放在胳膊或腿"高且紧"的位置，以控制威胁生命的大出血。如果救援人员接近伤员但受限于狭小空间无法在空间操作，也可以指导清醒并且有一定行动能力的伤员进行自救。对应用止血带的伤员每半小时进行重新评估。

（4）现场截肢术的要求。在狭小空间能够进行的另一项重要挽救生命措施就是现场截肢术。做出这项医疗决策非常艰难，也涉及法律与伦理。采取这种紧急截肢术多见于车祸现场、地震灾害、爆炸事故中，做出现场截肢术医疗决策需要具有经过专业培训的医疗专业人员操作，需要科学评估伤员的情况，还需要征得被截肢伤员的同意和救援队伍管理者的批准。

（三）中暑的现场急救

中暑是指暴露在高温（高湿）环境或剧烈运动一定时间后，吸热－产热－散热构成的热平衡被破坏，机体局部或全身热蓄积超过体温调节的代偿限度时发生的一组疾病，可表现为从轻到重的连续过程。高温高热地区的地震现场，长时间被压埋的幸存者以及持续救援的人员均易受到高热影响而导致不同程度的中暑。老弱病幼的灾民在通风不良、闷热潮湿的临时帐篷内时，也容易发生中暑。

1. 中暑的分类

《职业性中暑的诊断》（GB Z41—2019）将中暑的诊断直接分为热痉挛、热衰竭和热射病。不同国家还有其他分类方法，但公认的是，热射病是最严重的中暑类型，它指因高温引起的人体体温调节功能失调，体内热量过度积蓄，从而引发神经器官受损。热射病又分为两型，经典型热射病和劳力性热射病。经典型热射病是在高温环境下，多见于居住拥挤和通风不良的城市年老体衰居民，体温调节功能障碍引起散热减少的致命性急症。劳力性热射病则主要与体力活动有关，其主要致病因素是产生过量的代谢热超过生理性热丢失，致热因素主要来自机体的内源性热，与经典型比较，更容易并发严重的横纹肌溶解、肾功能损害和弥散性血管内凝血。

2. 中暑的症状

中暑发病较急，其症状是指暴露于高温（高湿）环境或剧烈运动一定时间后，出现下列症状或体征中的至少一项且不能用其他疾病解释：①头晕、头痛、反应减退、注意力不集中、动作不协调；②口渴、心悸、心率明显增快、血压下降、晕厥；③恶心、呕吐、腹泻、少尿或无尿；④大汗或无汗、面色潮红或苍白、皮肤灼热或湿冷、肌痛、抽搐；⑤发热。

3. 中暑的现场救治

对于中暑先兆和轻度中暑患者，只要及时脱离致病环境，转移到阴凉通风处休息，解开衣领轻松呼吸，给予足量清凉饮料或服用适量藿香正气丸、十滴水、人丹等，一般可缓解痊愈。对于疑似发展为热射病的患者，则要高度重视，尽早启动降温。有条件的情况下，建议快速测量体温，需注意的是，如果腋温或耳温不高，不能排除热射病时，应 10 min 测量一次体温或持续监测体温。

（1）立即脱离热环境。迅速脱离高温、高湿环境，转移至通风阴凉处，尽快除去患者全身衣物以利散热。

（2）积极有效降温。目前在现场可供选择的降温方法包括（但不限于）：①蒸发降温。解开衣物，将其迅速转移到通风、阴凉的位置，喷洒凉水散热；②冷水浸泡。可以将患者移至 20～25 ℃的水中，保证头部露出水面。③冰敷降温。使用冷水毛巾、冰袋或冰块对患者头部、腋窝、腹股沟区进行冷敷。

（3）快速液体复苏。应在现场快速建立静脉通路，首选外周较粗的静脉，建立外周双通道液路，优选套管针而非钢针。输注液体首选含钠液体（如生理盐水或林格液），应避免早期大量输注葡萄糖注射液，以免导致血钠在短时间内快速下降，加重神经损伤。

（4）气道保护与氧疗。应将昏迷患者头偏向一侧，保持其呼吸道通畅，及时清除气道内分泌物，防止呕吐误吸。对于大多数需要气道保护的热射病患者，应尽早留置气管插管。如条件允许，现场救治过程中应持续监测脉搏血氧饱和度，建议不低于 90%。

（5）控制抽搐。抽搐、躁动可给予镇静药物使患者保持镇静，防止舌咬伤等意外。

（6）转运后送途中持续降温。快速、有效、持续降温是治疗热射病的首要措施。对于确诊热射病或疑似患者，在现场处理后应尽快组织转运后送至就近有救治经验的医院，以获得更高级别的救治。快速、有效、持续降温是治疗热射病的首要措施，即便转运后送，也应在转运后送过程中做到有效持续地降温。

（四）烧伤现场急救

火灾是地震灾害最常见的次生灾害，会导致烧伤伤员的救护需求。由于热力所引起的组织伤称为烧伤，可由热水、蒸汽、火焰、电流、酸、碱、激光和放射线等各种因素引起。但通常所指的烧伤是指热力烧伤，超过 45℃的热源，即有可能致皮肤烧伤。严重烧伤时的临床特点是病程长、消耗大、并发症多、病情变化快、死亡率高。

在发现烧伤的伤员时，早期现场急救可以改善伤员的救治效果，提高伤员的生存率。就伤员的规模来说，分为两种：①如果伤员不多、伤情不重的一般性抢救，主要是现场的非医学专业抢救，如自救互救、后送等；②如果发生伤员众多、伤情复杂的成批伤员，超越现场救护负荷，需要社会力量的综合抢救，才能保证救援的效果。

1. 烧伤现场医疗急救原则

（1）首先应做好救援者自身的防护。

（2）尽快给予伤员以生命支持，严重烧伤患者能否得救，在很大程度上取决于被烧伤后伤员能否尽快得到正确救治。据统计，烧伤面积达到50%以上的伤员，如能在1 h内得到正确抢救，其死亡率可以降低50%。每推迟1 h，死亡率即增加1倍。

（3）对于化学烧伤，要尽快用大量清水或中和剂冲洗创面，避免不经处理就把伤员后送。

（4）对面部、口腔、喉部、颈部烧伤和吸入热气造成的呼吸道烧伤的伤者，在现场不要做任何耽搁，要迅速将患者送医院。

2. 现场基本急救步骤

（1）迅速消除烧伤因素。快速脱离火场，去除烧伤源（火源、热源等），脱去着火的衣服。热液烫伤时，应立刻脱去湿热的衣服，着火衣服要就地打滚或用大量冷水浇灭火并使其冷却，或用毯子压灭火焰。电烧伤时，应立刻切断电源；化学性烧伤时，要用清冷水冲洗20 min以上。伤处的衣服、袜子应剪开取下，不可剥脱，搬运时不要压伤处。

（2）保护创面。烧伤创面用清洁被单包裹，禁用有色的药液涂抹，以免污染或不利创面深度的判断，尽量减轻污染，杜绝再污染。

（3）复合伤抢救。烧伤伤员可能合并有其他部位、其他治伤因素所致伤情，救援人员为伤员检查伤情，仔细查体。对危及伤员生命的情况（如大出血、窒息、开放性气胸、中毒等）应迅速进行抢救。对复合创伤、骨折等应包扎固定后转运。保持呼吸道通畅，对心搏骤停伤者进行心肺复苏抢救等。

（4）止痛。一般口服止痛片给予镇痛治疗，有专业医护人员时，根据烧伤程度也可用安定、哌替啶或吗啡等，需注意避免抑制呼吸中枢。

（5）补液抗休克。口渴者可饮淡盐水。大面积烧伤若有休克，应静脉补液并保持输液通路，防治低血容量，防止休克的发生，如有休克应立即纠正。

（6）早期抗感染。应全身及局部用药，防治全身及局部感染，及时使用破伤风抗毒素。

（7）快速后送。尽快用交通工具将伤员送到医院治疗。特大面积烧伤伤员在1 h内、特重烧伤（面积大于50%）在4 h内必须送到。局部热力烧伤，应尽快脱离热源（如热水、热液、热金属），用大量冷水冲洗，持续冷水处理，然后送到医院。

3. 呼吸道烧伤与吸入性损伤

呼吸道可因热力的直接作用而烧伤，例如伤员在燃烧的火焰中奔跑、呼叫，热力可直接损伤口鼻腔黏膜。而更严重的问题是，燃烧不充分的有毒物质或有刺激性腐蚀性的气体吸入，致呼吸道黏膜至肺实质受损，这就是吸入性损伤。肺实质受损的全气道损伤，医疗难度大，死亡率高。此时，伤员的体表皮肤可完好无损，但其呈现严重缺氧状态。

（1）气道损伤的判断。凡有面颈部烧伤，或伤员在密闭的环境中受伤，或有吸入有霉、有刺激性物质者，诊断不难。但过去的经验是漏诊者多，早期准确诊断吸入损伤的程度亦比较困难。因此必须严密观察，连续观察。

（2）现场急救。①清除呼吸道分泌物及异物，保持呼吸道通畅；②给氧，必要时高浓度正压氧气吸入；③对有呼吸道烧伤及昏迷的病人，必要时应提前将气管切开，如环甲膜气管穿刺通气；④转送呼吸道烧伤或吸入性损伤伤员，应尽快转至有条件的医院治疗。转送前应准确估计转院途中所需时间，若途中需 8 h 以上，就有可能在途中发生气道水肿，原则上应先作气管切开，然后再将病人转送至医院。

（五）普及应用个人防护装备

个人防护装备（PPE）是在灾难救援过程中为救援队员和受灾群众提供保护而穿戴和配备的各种物品的总称。除外核生化等特殊救援场景外，一般地震救援中的个人防护用品包括头盔、救援防护服、防护眼镜、防护面罩、呼吸防护器、护耳器、防护手套、护肘与护膝等，可全面保护头、面、眼、呼吸道、耳、手、脚、身躯等部位。对于废墟下压埋人员，亦要考虑到温度、噪声、粉尘、光线等因素影响，及时给予保温毯、耳塞、口罩、头盔、眼罩等保护措施。

六、疾病预防控制

救援人员根据自身现实情况协助卫生健康行政主管部门和疾病预防控制机构，组织有关专业人员，配合有关单位和部门开展卫生学调查和评价、卫生执法监督等有效的预防控制措施，防止各类突发事件造成的次生或衍生公共卫生事件的发生，确保大灾之后无大疫。其具体包括如下工作：

（一）应急监测

及时报告可能构成或已发生的传染病类突发公共卫生事件的相关信息，并根据疫情防控需要开展应急监测。

（二）应急处置

（1）严格实施传染病病例的现场抢救、运送、诊断、治疗和医院感染控制（包括病例隔离、医疗垃圾和废物的处置流程），并配合疾病预防控制机构开展流行病学调查工作。

（2）根据实际情况配合卫生健康行政主管部门对被检测人员进行现场组织和秩序维护。

（3）在卫生健康行政主管部门的统一组织下，负责病例、密切接触者或部分重点（高危）人群的健康监测、医学观察、留验、隔离等工作。

七、消毒

消毒已成为传染病预防中不可缺少的措施，尤其对于病原体尚不十分清楚的新传染病来说，优先采用消毒措施尤其重要。消毒的任务是将病原微生物消灭于外环境中，切断传染病的传播途径，阻断传染病的散布，从而达到保护人员健康的目的。

（一）消毒的基本概念

1. 消毒和灭菌的区别

消毒是指将传播媒介上的病原微生物清除或杀灭，使其达到无公害的要求，并非杀死所有的微生物，包括芽孢。灭菌是指将传播媒介上所有微生物全部清除或杀灭，特别是抵抗力最强的细菌芽孢。

2. 消毒剂和灭菌剂的区别

消毒剂和灭菌剂从杀菌效果上看是有严格区别的。消毒剂是指能杀死微生物的消毒药剂，并非一定要杀死所有的微生物，包括细菌芽孢。而灭菌剂是指那些能杀死所有微生物，包括能100%杀死细菌芽孢的高效类消毒剂。

3. 消毒剂

用于杀灭传播媒介上病原微生物，达到消毒或灭菌要求的制剂。不同的消毒剂都有一个适用的浓度范围，不同浓度所需的杀菌时间和杀菌效果是不同的。消毒剂一般分为以下三种。

（1）高效消毒剂。指可杀灭一切细菌繁殖体（包括分枝杆菌）、病毒、真菌及其孢子等，对细菌芽孢也有一定的杀灭作用，达到高水平消毒要求的制剂。如戊二醛、过氧乙酸、二氧化氯、含氯消毒剂、环氧乙烷等。

（2）中效消毒剂。指仅可杀灭分枝杆菌、真菌、病毒及细菌繁殖体等微生物，达到消毒要求的制剂。如乙醇、乙丙醇、酚、碘伏等。

（3）低效消毒剂。指仅可杀灭细菌繁殖体和亲脂病毒，达到消毒要求的制剂。如苯扎氯铵、苯扎溴铵、氯己定、氯羟基苯醚等。

（二）常用的消毒方法

1. 物理法

物理法是利用物理因素作用于病原微生物将之杀灭或清除的方法。按其在消毒中的作用可分为以下五类：

（1）具有良好灭菌作用的，如热力、微波、红外线、电离辐射等，它杀灭微生物的能力很强，可达到灭菌要求。

（2）具有一定消毒作用的，如紫外线、超声波等，可杀灭绝大部分微生物。

（3）具有自然净化作用的，如寒冷、冰冻、干燥等，它们杀灭微生物的能力有限。

（4）具有除菌作用的，如机械清除、通风与过滤除菌等，可将微生物从传染媒介物上去掉。

（5）具有辅助作用的，如真空、磁力、压力等，虽对微生物无伤害作用，但能为杀灭、抑制或清除微生物创造有利条件。

2. 化学法

（1）漂白粉。常用消毒剂，主要成分为次氯酸钙，其杀菌作用取决于次氯酸钙中有效氯的含量。由于其性质不稳定，使用时应进行测定，一般以有效氯含量不小于 25% 为标准，低于 25% 则不能使用。漂白粉有乳剂、澄清液、粉剂三种剂型。

用法：澄清液通常用 500 g 粉剂加 5 L 水搅匀，静置过夜，即成 10% 澄清液。常用浓度为 0.2%。用于浸泡、清洗、擦拭、喷洒墙面（每 1 cm² 地面、墙面用 200 ~ 1000 mL）。对结核杆菌和肝炎病毒用 5% 澄清液作用 1 ~ 2 h。20% 乳剂用于粪、尿、痰、剩余食物的消毒。粉剂用于排泄物、分泌物等的消毒。将被消毒物的 1/5 ~ 2/5 质量的干漂白粉加入后，搅拌均匀，放置 1 ~ 2 h 即可。容器再用 0.5% 澄清液浸泡 1 ~ 2 h 后清洗。粉剂还可用于潮湿地面消毒，1 cm² 用 20 ~ 40 g。

漂白粉不适合对衣服、纺织品、金属品和家具进行消毒。漂白粉用于消毒剂已有 100 多年的历史，虽不稳定，但因其价格便宜及杀菌谱广，现仍用于饮水、污水、排泄物及污染环境消毒。

（2）过氧乙酸。无色透明液体，有刺激性酸味和腐蚀、漂白作用，是强氧化剂，杀菌能力强。0.01% 溶液可杀死各种细菌，0.2% 溶液可灭活各种病毒，是杀灭肝炎病毒较好的消毒剂，1% ~ 2% 溶液可杀死霉菌与芽孢。

用法：对衣物用 0.04% 溶液浸泡 2 h;洗手用 0.2% 溶液;表面喷洒用 0.2% ~ 1% 溶液，作用 30 ~ 60 min；食具洗净后用 0.5% ~ 1% 溶液浸泡 30 ~ 60 min；蔬菜、水果洗净后，用0.2%溶液浸泡10~30 min。过氧乙酸也可用于熏蒸，用量1~3 g/m³，关闭门、窗，熏蒸30 min。过氧乙酸具有腐蚀性和漂白性，因此一些物品及衣物消毒后必须立即洗涤干净。

（3）乙醇。临床最常用消毒剂。可与碘酊合用于皮肤消毒。浓度为70%~90%，能迅速杀灭细菌繁殖体，对革兰阴性菌尤为有效，但不能杀灭细菌芽孢，不得用于外科器械灭菌，对肝炎病毒也无效。

（4）甲醛。含甲醛36%的水溶液，又称福尔马林，是一种古老的消毒剂，具有刺激性臭味。主要用于熏蒸消毒。对于皮毛、衣物、污染房间均有效。有强大的杀菌作用，能杀灭芽孢，对繁殖型细菌效果更好。

用法：在一密闭房间，用12.5~25 mL/m³（有芽孢时加倍）甲醛液，加水30 mL/m³，一起加热蒸发，提高相对湿度。无热源时，也可用高锰酸钾30 g/m³加入掺水的乙醛（40 mL/m³），即可产生高热蒸发。两种方法均要防止发生火灾。蒸气发生后，操作者迅速离开房间，关好门后，再将门缝封好。12~24 h后，打开门窗通风驱散甲醛，或用25%氨水加热蒸发或喷雾以中和甲醛（用量为福尔马林用量的一半）。

（5）碘伏消毒液。主要有效成分为碘，有效碘含量为0.45%~0.55%（W/V）。可杀灭肠道致病菌、化脓性球菌、致病性酵母菌和医院感染常见菌。适用于皮肤消毒、手术部位消毒及术前洗手消毒。使用时用原液涂抹擦拭，作用3~5 min。

（三）救援过程中洗消的注意事项

在救援过程中最怕发生污染事件，为防止应急救援人员被污染，应重视队伍营地及搜救现场的卫生防疫工作，并注意现场环境特点，如是否有体液溅洒、临时卫生间等不同的消毒要求，将该项工作纳入救援队的日常流程中。同时，所有在救援现场区域的人员都需要采取适宜的方式进行洗消。

救援过程中的洗消有如下两种基本方法。

（1）干洗消法。即去除潜在或严重污染伤员的衣物，也有使用干吹法与树脂干洗法来进行干洗消程序，此方法仅特指简单地脱去伤员被污染或残留有蒸气的衣物。干洗消法适用于受气体或气溶胶（蒸气）污染且只有轻微呼吸障碍的伤员，若伤员伴随明显的皮肤破损、黏膜刺激及灼伤，即便仅受蒸气污染，仍需接受湿洗消法。

（2）湿洗消法。即用去污剂和温水从头到脚冲洗被严重污染和（或）有临床症状的受伤人员。湿洗消法过程包括脱丢伤员衣服，用海绵或毛巾在低压、温水下淋浴（冲洗）。应避免用硬毛刷子，因为有潜在损伤皮肤的可能，应使用中性清洁剂。对于湿洗消法而言，温水非常重要，因为水太热会促进毒素的吸收，水太冷会使污染物移除效果不好，且导致体温过低。

操作流程：应从头到脚进行冲洗，首先是嘴和鼻子以及开放伤口周围，最好持续 3～5 min。失去意识或不能够自我冲洗的伤员应当由 2～4 名穿戴适当防护装备的洗消队员用相同方法进行冲洗。使用头顶式淋浴时，水可能会进入无意识患者的气道，因此应首先洗消脸、头和颈部，在洗消过程中注意气道保护，注意凹陷和褶皱部位，如耳朵、眼睛、腋窝和腹股沟等，最后翻转伤员冲洗后背。湿洗消法对场地的要求比干洗消法更高，它需要额外的资源（水、电、冲淋设备等）和更多的人员。

在救援现场进行洗消的具体要求是：洗消应在灾难现场附近进行，由消防员或专业灾难处理人员用消防水带或便携式洗消庇护所引出的低压水进行洗消。然而，很多伤员会略过现场洗消直接到医院就诊，医院完成大量伤员洗消的理想场所应远离正常治疗区域，以避免其他伤员、工作人员和设施的污染，应选择医疗机构的下风口和下坡处作为洗消场所。如不能同时满足以上选项就必须在洗消原则与客观设备环境中做权衡。

如有大量伤员，需要 2000～4000 m² 的洗消区域，并划分明确的污染区和清洁区。污染区用于分诊、伤员初步处理以及伤员和技术人员工作的洗消，清洁区用于伤情评估、伤员诊治及转运和登记。

八、常见病症

(一) 急性冠状动脉综合征（心肌梗死）

急性冠状动脉综合征（ACS）是以冠状动脉粥样硬化斑块破裂或侵袭，继发完全或不完全闭塞性血栓形成病理基础的一组临床综合征。ACS 是一种常见的、

严重的心血管疾病，是冠心病的一种严重类型，常见于老年男性及绝经后女性，吸烟者，患高血压、糖尿病、高脂血症、腹型肥胖者及有早发冠心病家族史的患者。ACS 患者常常表现为发作性胸痛、胸闷等症状，可导致心律失常、心力衰竭，甚至猝死，严重影响患者的生活质量和寿命。如及时采取恰当的治疗方式，则可大大降低病死率，并减少并发症，改善患者预后。

1. 心脏不适的识别

（1）胸痛、胸闷是心脏不适的主要表现，如图 1－189 所示。

图 2－189　胸痛、胸闷

（2）心脏不适的反射区有牙齿、下颌、心脏部位、胃、左侧上肢、肩膀、左侧肋骨、后背与心脏相对的位置。

（3）呼吸短促，可以伴随或不伴随胸部不适。

（4）出冷汗、恶心或头晕等。

2. 典型的心绞痛表现

发作性胸骨后压榨性疼痛，可表现为胃疼、牙疼、左肩、左上肢内侧疼等，持续时间为 1 ~ 5 min，很少超过 15 min。

3. 心肌梗死的症状

（1）发作性心前区疼痛在 15 min 以上。

（2）舌下含服硝酸甘油不能缓解症状。

（3）恶心、呕吐、腹胀、面色苍白、大汗淋漓、四肢厥冷。

（4）血压突然下降。

4. 应对措施

确认现场环境安全，做好个人防护；救援人员应保持镇静，告知伤员保持冷静并使其所处环境保持安静；对于正在行动的伤员应使其立刻停下休息，就地选择舒适的体位等待救援。

（二）癫痫

癫痫是一种时犯时愈的暂时性大脑机能紊乱的病症，还可以由头部损伤、低血糖、高温所致损伤、中毒造成。

1. 癫痫发作时的表现

常不定期反复发作，发作前伤员常有头痛、心绪烦乱的症状，接着尖叫一声倒地后不省人事，四肢僵硬，全身抽搐，口吐白沫或血沫（俗称羊痫风、羊角风，如图 2 – 190 所示），还可能尿失禁，一般持续几分钟。癫痫发作时，如果处

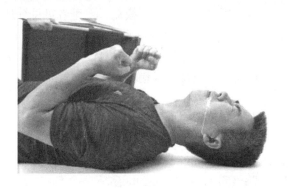

图 2 – 190　癫痫发作时表现

193

理不及时或不正确，可能会发生多种意外伤害。伤员在癫痫发作过程中可能会咬伤自己的舌头，可以在癫痫停止后针对这一损伤实施急救。发作过后，伤员通常会出现意识模糊或嗜睡。

2. 癫痫的应对

（1）确认现场环境安全。

（2）脱离危险环境。发作时，首先迅速脱离危险环境，移开危险物品，如桌、椅、板凳，如果方便，在伤员头底下垫一块布垫或毛巾。

（3）守护等待。一般情况下癫痫发作时间很短，平均 3～5 min，如果超过 5 min 就要及时送医，等待医护人员到来时应注意观察伤员面色和呼吸。

（4）癫痫停止后，松开衣领、围巾、领带等，将伤员的头偏向一侧保持呼吸道通畅，清除口腔分泌物，防止窒息。协助伤员侧卧休息，不要强行叫醒伤员，抬起伤员颌部，保持呼吸道通畅。

（5）确定伤员是否需要心肺复苏。

注意事项：不要按住病人，病人抽搐的力量很大，用力按住病人会使肌肉拉伤，甚至骨折。不要试图掰开病人的嘴或在牙齿间塞东西，防止被咬伤。

（三）脑卒中

脑卒中是指突然起病的一种脑血液循环障碍疾病，又称中风，包括出血性和缺血性两种。出血性的分为脑出血和蛛网膜下腔出血，缺血性的分为脑血栓和脑栓塞。院外处理的关键是迅速识别脑卒中伤员并尽快送到医院。

1. 脑卒中的识别

（1）失语或口齿不清：常伴有一侧肢体偏瘫，伴有吐字不清或不能言语。

（2）半边肢体麻木：突发一侧面部或上下肢麻木，严重者可伴有肢体乏力、步态不稳和摔倒。

（3）意识障碍：轻者烦躁不安、意识模糊，严重者可呈昏迷状态。

（4）头痛、呕吐：多发生在出血性脑卒中伤病员中，头痛剧烈程度与病情及疾病种类有关，蛛网膜下腔出血者头痛最为剧烈，常伴有喷射性呕吐。

（5）视物不清：瞬间失明或视力模糊。

2. 小中风的识别

（1）手心朝上，观察有没有一低一高。

（2）笑一笑，看有没有口歪眼斜。

（3）说一说话，听有没有口齿不清。

三种情况满足一条，都应该拨打急救电话。

3. 脑卒中现场应对

（1）确认现场环境安全，做好个人防护。

（2）不要摇晃伤员，尽量少移动伤员，尽快送医。

（3）不要给伤员吃东西、喝水，因为可能到了医院后会做手术。

（4）解开衣领，如果伤员清醒，让伤员半卧或平卧休息，如果伤员意识丧失，可将伤员摆放成侧卧位，开放气道，以保持呼吸道畅通。

（5）有假牙的，将假牙取出，及时清理伤员口中的呕吐物，防止伤病员将其吸入肺中。

（6）心肺复苏：观察生命体征，做好随时做心肺复苏的准备。

（四）烧烫伤

灾难事故中，烧伤是难免的，在逃离火场保证自身安全后，应检查自己的伤情，关注周围的伤员，对烧伤处进行简单处理。

1. 降温

伤员如果感觉烧伤处灼热、疼痛，可以浸在缓缓流动的凉水中至少 10 min，不能用物品去涂抹皮肤烧伤处，诸如防腐剂、油脂、凡士林之类。应持续降温直至感觉稳定下来，此时离开凉水疼痛感不会增加。

简单处理之后可用消毒过的干燥布块包扎受伤部位，以防感染。在包扎手指或脚趾受伤部位前，应用布条将每个指（趾）头分隔开，以防彼此粘连。

2. 保护创伤

对于烧伤后的水疱，可在低位刺破，引流排空，切忌把皮剪掉，造成感染。用无菌的或洁净的三角巾、纱布、床单等布类包扎创面，以免继续受到伤害。问题严重者，应及时送医处理。

3. 补充体液

少量多次饮用凉水，如果有条件，在 1 L 水中外加半汤匙盐或者加半勺小苏打，效果更好。如果没有盐，可以让伤员少量饮用煮沸的动物血液。

4. 休克急救

火场休克是由于严重创伤、烧伤、触电、骨折的剧烈疼痛和大出血等引起的一种威胁伤员生命的极其危险的严重综合征。救治火场休克人员应注意以下几点。

（1）确定伤情。休克的症状是目光呆滞，呼吸快而浅，有腥臭味，脉搏快而弱，出冷汗，表情淡漠，神志不清，口唇肢端发绀，身体颤抖，面色苍白，四肢冰凉。确定伤情后立即实施急救。

（2）体位。在急救过程中应使伤员平卧，将两腿架高约 30 cm，给伤员盖上毛毯或衣服用以保暖，然后大声呼唤，使其恢复意识。

（3）伤口处理。尽快包扎伤口，减少出血、污染和疼痛，要及时有效地止血。

（4）补液。对没有完全昏迷的伤员，可少量给其以姜汤、米汤、热茶水或淡盐水等饮料。

（5）送医。采取包扎、止血、人工呼吸、保暖等急救措施后，应尽快将伤员送医治疗。

（五）低血糖

低血糖是指成年人空腹血糖浓度低于 2.8 mmol/L。糖尿病患者血糖值不高于 3.9 mmol/L 即可诊断为低血糖。低血糖症是一组多种病因引起的以静脉血浆葡萄糖（简称血糖）浓度过低，临床上以交感神经兴奋和脑细胞缺氧为主要特点的综合征。低血糖的症状通常表现为出汗、饥饿、心慌、颤抖、面色苍白等，严重者还可出现精神不集中、躁动、易怒甚至昏迷等。

对于轻中度低血糖，口服糖水、含糖饮料，或进食糖果、饼干、面包、馒头等即可缓解。

（六）高血压

高血压（hypertension）是指以体循环动脉血压（收缩压和/或舒张压）增高为主要特征（收缩压不低于 140 mmHg，舒张压不低于 90 mmHg），可伴有心、脑、肾等器官的功能性或器质性损害的临床综合征。高血压是最常见的慢性病，也是心脑血管病最主要的危险因素。如患者有高血压病史，让伤员自行服用降压药即可；如急性高血压立即送医。

第三章　建筑物倒塌搜救演练
组 织 与 实 施

第一节　建筑物倒塌搜救应急演练概述

一、应急演练的定义、意义与目的

应急演练是指各级人民政府及其部门、企事业单位、社会团体等（以下统称演练组织单位）组织相关单位及人员，依据有关应急预案，模拟应对突发事件的活动。演练组织者通过创造一个虚拟情境（突发事件情景）与环境（演练物理环境），使参演者通过完成突发事件应对任务及事后评估等活动，实现检验预案、锻炼队伍、优化系统，最终提升应急能力的目的。

应急演练是应急管理工作中必不可少的环节。在各类突发事件多发、频发，应对和处置越来越复杂的今天，举行必要的演练是保证人民的生命财产安全、尽可能减少突发事件危害的最有效手段之一。

应急演练的目的包括：

（1）检验预案。通过开展应急演练，查找应急预案中存在的问题，进而完善应急预案，提高应急预案的实用性和可操作性。

（2）完善准备。通过开展应急演练，检查应对突发事件所需应急队伍、物资、装备、技术等方面的准备情况，发现不足及时予以调整补充，做好应急准备工作。

（3）锻炼队伍。通过开展应急演练，增强演练组织单位、参与单位和人员等对应急预案的熟悉程度，提高其应急处置能力。

（4）磨合机制。通过开展应急演练，进一步明确相关单位和人员的职责任务，理顺工作关系，完善应急机制。

（5）科普宣教。通过开展应急演练，普及应急知识，提高公众风险防范意识和自救互救等灾害应对能力。

二、应急演练的发展趋势

演练作为一种人类活动由来已久。古代的"周幽王烽火戏诸侯"可以视作对军事联动机制的检验式演练。现代社会的应急演练通常被理解为"模拟应对突发事件的活动",是应急准备工作中的一种重要实践活动。纵观21世纪以来的国际应急演练实践,有如下4个趋势。

(一)地位显性化

应急演练实践的显性化趋势是指其从不为人知到引人注目、从星星之火到形成燎原之势。过去,演练的频次远远没有今天这么多,规模也没有今天这么大。现在,仅北京市各类单位每年就要举办数万次种类、形式、规模不等的演练,这是过去无法想象的。过去,演练往往从属于锻炼队伍的工作。今天,演练被作为检验预案、锻炼队伍、磨合机制、科普宣教等工作的重要载体。过去,演练不像今天这样受到组织上的高度关注。现在,许多国家和地方把专门制订多年度或本年度演练计划作为一项相对独立的工作要求。归纳地说,应急演练的体量、独立性、受关注度的确大大增高,显性化趋势明显。

(二)管理制度化

应急演练管理的制度化趋势是指政府日益把这种社会性活动纳入其管制范畴的趋势。《中华人民共和国突发事件应对法》中多处对应急演练做出规定,其中第二十六条指出:"县级以上人民政府应当加强专业应急救援队伍与非专业应急救援队伍的合作,联合培训、联合演练,提高合成应急、协同应急的能力。"第二十九条指出:"县级人民政府及其有关部门、乡级人民政府、街道办事处应当组织开展应急知识的宣传普及活动和必要的应急演练。"通过法律的形式把应急演练作为应急管理的规定动作,使得这项实践活动有了重要的法律依据。

应急预案通常也对应急演练提出要求。例如,《国家突发公共事件总体应急预案》中要求,各地区、各部门要结合实际,有计划、有组织地对相关预案进行演练。

对政府自身的应急演练实行严格要求是制度化的直接落实。《国家突发公共事件总体应急预案》要求组织演练,许多地方都出台了《应急演练管理办法》。有关规定要求政府要对社会应急演练加强业务指导,是制度化的延伸。

总体来说,应急演练法制依据的确立、管理制度的丰富和完善等意味着其制度化趋势的加强。

（三）操作规范化

应急演练操作的规范化趋势是指社会和政府对演练行为范式的认识和实践日益趋同的趋势。

（1）演练的术语逐步趋向一致。我国过去称之为演习、演练，现在统一称为演练，国际上的术语统一尚需时日。

（2）演练程序逐步趋向统一。随着应急处置程序的统一和法制化，演练程序也日益趋向统一。

（3）演练文件逐步趋向健全。现在，每一次演练都要准备演练规划、参演人员手册、导调人员手册、评估人员手册等。其中的信息要素也日益健全。

归纳地说，应急演练术语的一致性趋势、程序的统一化趋势、文件的健全性趋势都意味着演练操作的规范化趋势明显。

（四）方法专业化

应急演练方法的专业化趋势是指其从经验性上升到专业性的趋势，表现在以下3个方面。

（1）演练指南日益完善。随着应急演练实践的丰富，应急演练的知识也日趋系统化，这就为演练规范的出台奠定了基础。

（2）演练方法日益成熟。关于演练场景的设计、演练评估指标的设计等，理论上的支撑越来越充分。

（3）人员培养的专业化。对演练的组织、设计、评估人员的培养已经从师傅带徒弟式的经验式培养演变为专门的培训。美国联邦应急管理学院的专业演练师培训需要长达6个月的培训周期。

总体来说，演练指南日益完善、演练方法日益成熟、人员培养的专业化都使演练专业化趋势日益明显。

三、应急演练的基本原则

为实现演练功能，需要明确演练工作的基本原则，即演练工作总体上以及演练设计、实施、评估、改进全过程都要遵从的原则。

（1）结合实际、合理定位。紧密结合应急管理工作实际，明确演练目的，根据资源条件确定演练方式和规模。

（2）着眼实战、讲求实效。以提高应急指挥人员的指挥协调能力、应急队伍的实战能力为着眼点，重视对演练效果及组织工作的评估、考核，总结推广好经验，及时整改存在的问题。

（3）精心组织、确保安全。围绕演练目的，精心策划演练内容，科学设计演练方案，周密组织演练活动，制订并严格遵守有关安全措施，确保演练参与人员及演练装备设施安全。

（4）统筹规划、厉行节约。统筹规划应急演练活动，适当开展跨地区、跨部门、跨行业的综合性演练，充分利用现有资源，努力提高应急演练效益。

四、应急演练的分类

（一）按组织形式划分

按组织形式划分，应急演练可分为桌面演练和实战演练。

（1）桌面演练。桌面演练是指参演人员利用地图、沙盘、流程图、计算机模拟、视频会议等辅助手段，针对事先假定的演练情景，讨论和推演应急决策及现场处置的过程，从而促进相关人员掌握应急预案中所规定的职责和程序，提高指挥决策和协同配合能力。桌面演练通常在室内完成。

（2）实战演练。实战演练是指参演人员利用应急处置涉及的设备和物资，针对事先设置的突发事件情景及其后续的发展情景，通过实际决策、行动和操作，完成真实应急响应的过程，从而检验和提高相关人员的临场组织指挥、队伍调动、应急处置技能和后勤保障等应急能力。实战演练通常要在特定场所完成。

（二）按内容划分

按内容划分，应急演练可分为单项演练和综合演练。

（1）单项演练。单项演练是指只涉及应急预案中特定应急响应功能或现场处置方案中一系列应急响应功能的演练活动。注重针对一个或少数几个参与单位（岗位）的特定环节和功能进行检验。

（2）综合演练。综合演练是指涉及应急预案中多项或全部应急响应功能的演练活动。注重对多个环节和功能进行检验，特别是对不同单位之间应急机制和联合应对能力的检验。

（三）按目的与作用划分

按目的与作用划分，应急演练可分为检验性演练、示范性演练和研究性演练。

（1）检验性演练。检验性演练是指为检验应急预案的可行性、应急准备的充分性、应急机制的协调性及相关人员的应急处置能力而组织的演练。

（2）示范性演练。示范性演练是指为向观摩人员展示应急能力或提供示范教学，严格按照应急预案规定开展的表演性演练。

（3）研究性演练。研究性演练是指为研究和解决突发事件应急处置的重点、难点问题，试验新方案、新技术、新装备而组织的演练。

不同类型的演练相互结合，可以形成单项桌面演练、综合桌面演练、单项实战演练、综合实战演练、示范性单项演练、示范性综合演练等。

五、应急演练规划

应急演练规划的内容包括应急演练的需求、范围、目标、组织架构、演练计划等。

（一）应急演练需求

演练需求包括演练机构和参演者为什么要演练、需要演练什么、需要怎样演练等问题。明确应急演练需求是确定演练范围与目标、设计演练计划、实施应急演练的前提，是确保演练工作准确、及时和有效的重要环节。

（二）应急演练范围

应急演练范围是对一个具体演练而言的。应急演练范围主要包括五个方面的要素，即演练的突发事件、演练时间与地点、演练职能或行动职责、演练参与者和演练类型。

（1）演练的突发事件。突发事件主要包括自然灾害、事故灾难、公共卫生事件和社会安全事件四类，每类中又包括各种具体类型。要确定演练哪种突发事件，以及其严重程度或时间等级如何。通常的演练要以该事件的应对为主要线索，也可能会涉及该突发事件所涉及的次生或衍生事件。

（2）演练时间与地点。应急演练地点可以根据需要选择应急指挥中心、会议室、操场、开阔地，以及医院、新闻发布厅等地点，当然也可以选择可能真实发生危险的地点。演练时间要根据资源和人员能力等情况选择半天、一天或几天进行。

（3）演练职能或行动职责。突发事件应对包括领导决策、综合协调、事件处置、人员救助、危机沟通等职能，以及将这些职能进一步细化的有关行动职责。明确要演练的职能或行动职责有利于确定演练对象和目标。

（4）演练参与者。演练参与者包括演练的组织者、参演者，以及其他相关人员。其中，参演者要包括与应急演练任务有密切联系的组织、部门中的有代表性的人物，往往是应急预案规定的相关领导和人员。

（5）演练类型。应急演练类型是指从基本应急演练类型中选择某一种演练形式，或者借鉴基本演练形式，组合出一种新的演练形式，或者创新性地提出其他演练形式。

（三）应急演练目标

应急演练目标是需要完成的主要演练任务及其达到的效果。一次应急演练一般有若干项演练目标，每项演练目标都应该在演练方案中有相应的事件和演练活动以具体工作指标予以体现，并在演练评估中有相应的评估标准判断该目标的实现情况。

（1）选择目标的意义。演练目标是演练组织者确定演练需求和演练目的后确定的，是对希望参演者在演练后表现出来的外在行为结果的具体明确的表述，也是落实演练目的的具体工作指标及后续演练设计和应急演练评估的重要依据。

（2）应急演练目标的维度。应急演练目标的维度包括希望达成的认识目标、技能目标、态度目标等，这些目标维度又可以分为不同的层次。

（3）应急演练目标的要素。一个完整的应急演练目标应该包括如下要素：谁在什么条件下完成什么任务，依据的标准，取得的效果等。

（四）应急演练组织架构

确立应急演练组织架构是实现应急演练目的的重要保证。通常应成立演练领导小组，负责指导和协调演练准备、实施和评估各项工作，审定演练工作方案、演练工作经费、演练评估总结以及其他需要决定的重要事项，根据需要下设策划与导调组、宣传组、保障组、评估组等，如图3-1所示。根据演练规模大小，其组织机构可进行调整。

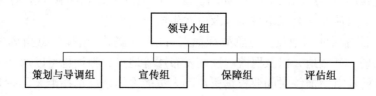

图3-1　应急演练组织架构

（1）策划与导调组。负责编制演练工作、演练脚本、演练安全保障方案，负责演练活动筹备、事故场景布置、演练进程控制和参演人员调度以及与相关单位、工作组的联络和协调。

（2）宣传组。负责编制演练宣传方案、整理演练信息、组织新闻媒体开展新闻发布会。

（3）保障组。负责演练的物资装备、场地、经费、安全及后勤保障。

（4）评估组。负责对演练准备、组织与实施进行全过程、全方位的跟踪评估；演练结束后，及时向演练单位、演练领导小组及其他相关专业组提出评估意见、建议，并撰写演练评估报告。

（五）制订应急演练计划

完整的应急演练计划需要由策划与导调组负责编制，报演练领导小组批准。其主要内容包括以下4点：

（1）演练目的。明确举办应急演练的原因、演练要解决的问题和期望达到的效果等。

（2）演练需求。在对事先设定事件的风险及应急预案进行认真分析的基础上，确定需调整的演练人员、需锻炼的技能、需检验的设备、需完善的应急处置流程和需进一步明确的职责等。

（3）演练范围。根据演练需求、经费、资源和时间等条件的限制，确定演练事件类型、等级、地域、参演机构及人数、演练方式等。演练需求和演练范围往往相互影响。

（4）演练准备。演练准备包括明确演练文件编写与审定的期限、物资器材准备的期限、演练实施的日期，编制演练经费预算，演练经费筹措渠道。

演练组织单位要根据实际情况，并依据相关法律法规和应急预案的规定，制订年度应急演练规划，按照"先单项后综合、先桌面后实战、循序渐进、时空有序"等原则，合理规划应急演练的频次、规模、形式、时间、地点等。

六、应急演练管理

相对桌面演练或单项实战演练而言，综合实战演练所需要投入的人力、物力更多，演练的管理工作更复杂。演练管理对于演练的顺利开展至关重要，主要包括资源管理和风险管理两部分。

资源管理包括参演单位的内部动员、外部联动单位的协调与沟通、资金预算、物资准备、装备储备、场地搭建与协调、特殊身份人员管理与公关。

风险管理不仅包括演练的全流程安全管理，例如人员安全、环境安全、装备使用、后勤保障安全等，还包括对演练信息外溢造成的演练失效、未作演练社会公告造成的民众恐慌、社会环境和自然环境的损坏、演练相关方的心理影响等方面的管理。

第二节　建筑物倒塌搜救演练的准备

一、建筑物倒塌搜救演练设计

演练设计是具体的演练准备工作的起点。由于演练的目的、目标、准度、时长、规模不同，演练设计的工作量和设计内容也有所不同。一次简单的研讨式桌面演练可能只需要一页至数页纸的场景描述，而一次持续数日的交互式桌面演练可能需要数百条演练信息来支撑。演练设计包括事件体系设计和预期行动设计，以及在此基础上的场景设计。在此，主要介绍以检验应急预案和队伍应急能力为主要目的的山地搜救类综合型实战演练。

二、建筑物倒塌搜救应急演练场景设计

应急演练场景是应急演练所要处置的假设情景。根据演练需要，有的演练场景只有突发事件背景信息，即假设的风险或突发事件的某一时点上的时空条件和事件；有的演练还要设计一系列动态情景，即假设的风险或突发事件不断发展的情况。建筑物倒塌搜救演练的场景设计，一般会以某地发生地震作为突发事件背景信息，根据演练目标也可能会设定其他突发事件。

（一）突发事件背景信息

突发事件背景信息既是参演者进行演练的基础性信息，也是演练设计者进行设计工作的基础性信息。对于分析式桌面演练而言，突发事件背景信息可能也是唯一的演练信息。突发事件背景信息的要素包括自然环境、人员要素、突发事件要素、管理要素。其中，某些自然环境和社会环境如果对于参演者而言是无须说明的，或者在演练的背景材料里已有专门叙述，可以不再赘述。但是与突发事件直接相关的要素，在场景设计里仍要具体而详尽地陈述。

1. 自然环境

自然环境包括时间、地点、地理条件和气象条件等。

（1）时间。可以套用真实案例的时间，尽量与事件其他要素相吻合。

（2）地点。指突发事件发生地点，可以是真实的，也可以是虚构的，无论是哪一种，都要尽量与事件其他要素相吻合。例如，台风发生在沿海地区，泥石流则发生在山区。

（3）地理条件。指不同地域的海拔、地形、地势、地质条件等。

（4）气象条件。与气象密切相关的突发事件，在初始场景设计中应详细说明气象条件，尽量使用当时当地真实的气象条件，也可以根据演练需要假设气象条件。

（5）交通条件。指突发事件所在区域的交通条件、车辆能够抵达的区域、抵近路线等，可根据演练需要假定交通条件。

2. 社会环境

社会环境包括人口、人群、经济、交通等因素。

（1）人口因素。主要指人口的数量、规模、年龄、性别、学历、分布等。

（2）人群因素。主要指人群的种类、结构、分布、民族、民俗、规模等。

（3）经济因素。主要指地方总产值、产业结构和布局等。

（4）交通因素。主要指城市的道路分布、建筑分布、地下管线等。

3. 突发事件要素

突发事件要素包括突发事件类型、突发事件发展状况、突发事件影响范围与危害程度等。

（1）突发事件类型。演练设计必须首先确定演练所关注的突发事件类型。要根据当地山地户外运动所面临的风险和脆弱性分析，针对本地希望通过演练所要提升的能力，选择一种最易检验演练单位能力的危险事件。例如，台风暴雨对东南沿海威胁大。一个人口密集的社区，遭受化学、生物或放射性物质威胁的风险可能比以农业为主的村庄更大。

（2）突发事件发展状况。需要说明突发事件发展变化的速度、强度、深度、规模，为参演者做好后续分析研判提供事实依据。

（3）突发事件影响范围与危害程度。影响范围包括：对人的影响，对物的影响，对社会和环境的影响。对人的影响包括对人的心理、生理的影响和破坏。对物的影响包括对房屋、农作物、动植物、基础设施、特殊物质的影响和毁损情况。对社会和环境的影响包括对人们的工作、学习、生活、就医、消费、重大活动、特殊事件及环境、天气等的影响。

危害程度主要描述突发事件带来的破坏与毁损情况，通常要用具体数字加以描述。例如，初始场景信息中可以这样描述：××市发生了6.5级地震，震中位于中心城区，烈度8度。破坏程度：建筑物倒塌10%，人员被掩埋350人，死亡100余人，伤800余人，供电完全中断，通信完全中断，煤气泄漏点10处，危险化学品存储点2处情况不明，通往灾区道路部分被破坏。

4. 管理要素

管理要素主要包括已采取的措施和救援能力。

（1）已采取的措施。山地户外运动安全事故发生后，基层群众和当地政府往往会采取一些先期处置措施并组织营救。描述事发地有关方面所采取的先期救助措施是必要的，也是符合实际的。

（2）救援能力。各地救援队伍设施配备和队伍能力不同，突发事件本身也给本地救援队伍带来一定的影响，使其部分受损或者完全失去救援能力，这些情况是参演者决策的基础条件。例如，初始场景信息中可以这样描述：受台风影响，××市应急队伍动员能力减少30%，应急资源保障能力减少40%。

（二）实战演练的具体工作场景

实战演练工作场景是指针对演练目标，设定对应的具体工作场景，例如在建筑物倒塌救援中，涉及管理、搜索、营救、医疗、后勤等各个环节，因此在场景设计中也要设计与之对应的工作场景。如在建筑物倒塌的搜索营救中，救援人员可能使用搜索、重物移除、支撑、破拆、绳索等技术以实施搜救。

三、建筑物倒塌搜救演练文案准备

一般来说，建筑物倒塌搜救演练文案准备由演练总体情况说明、演练总框架、演练流程、演练进度计划、信息注入、场景设计方案、突发事件背景、演练手册编制等部分组成。完整、充足的文案准备可以使演练流程清晰化、具体化，并按计划展开。

（一）演练总体情况说明

演练总体情况说明是就演练的目标、目的、范围、时间、地点、规模、人员、活动、规则等情况的总体说明，包括介绍演练的日程安排计划、场地对照说明、平面示意图、后勤保障相关安排、组织架构等内容。其中演练组织架构应该包括参演人员组织架构、导调人员组织架构、综合保障人员组织架构、评估检测人员组织架构。

（二）演练总框架

演练总框架要尽量清晰展现整个综合实战演练的总体设计情况，用一页纸展示出包括阶段时间、参演单位、主要场景、关键动作的分布安排。

（三）演练流程

演练流程是对演练总框架的进一步分解说明，以小时为单位，进一步细化参演单位在各时间段开展的主要演练科目和关键动作。通过查阅演练流程文件可以明确特定时段相关单位正在开展的演练科目。

（四）演练进度计划

演练进度计划是以时间进度为主线的演练实施计划，包括重要时间点、关键时间段、场景编号、参演人员动作、注入信息编号、相关导调动作、检测技术编号、参演人员预期反应，也是用于指导演练工作人员按序推进演练各环节进度的工具。

演练进度计划重点是时间轴线设计，以时间进展来推动各预设场景的展开。综合实战演练需要满足多个场景同时开展不同演练科目的演练设计需求，并要求现实时间与虚拟时间不同时间轴的设计，现实时间与虚拟时间的进度比可能是等比同步进行也可能是非等比加速进行，主要依据被演练的科目或被检测的某些能力的客观时间需求。

操作技能一般从能力考察和安全等维度考虑，会更多使用现实时间与虚拟时间同步的形式，而集结、研判、会议、突发事件处置流程等场景设计，演练进度一般会比现实发展快，仅突出展示预先设定的管理要素、重要信息、问题冲突等环节。

进度计划的设计要有全盘考虑的思想，开始与结束、重点演练科目、演练热反馈等重要阶段应独立预留时间，优先分配各阶段的时间份额。对于重要演练科目的实际作业时间，导调组应事先了解和评估，并能够将复杂项目拆解，以便识别演练科目难易程度及其耗时，并做出合理的时间分配，使整体演练的时间分配科学、务实。非必要情况下，应避免某一个场景同时展示多项技术能力的多个技术级别，这既降低了演练的可观性又增加了演练的风险。进度计划可采用表格形式拟定（表3-1）。

表3-1 进度计划样表

序号	时间	场景编码	事件/关键动作	信息编号	导调组动作	评估检测编码	参演人员预期反应	备注
1								
2								

按照建筑物倒塌搜救的演练流程将进度分成较大的独立时间模块，以免各模块内部在发生调整时影响其他模块。因为一场综合实战演练前后环节存在交叉和联系，存在修改某一环节的同时带来多个相关环节的变更，所以进度计划的修改需要非常谨慎。如进度计划的调整将带来场景设计的改变，演练科目难易的变化，演练检测的标准变化和评估变化，同时也会带来信息注入方式及内容的调整。

总之，演练进度计划应该从全盘考虑，突出重点，按模块划分时间分配，注明不同场景、环节之间的相互关联关系。

（五）信息注入

信息注入是推动演练发展的核心，即通过网络、通信、演员、公告、场景等手段和渠道将信息传达给参演人员的过程，目的是推动参演人员开展与注入信息相对应的反馈动作，完成演练科目。一般情况下信息注入按照演练进度计划进行，以时间发展来逐步注入，需要注意：信息注入的形式不局限于文字信息，也包括演练台词脚本或者现场场景布置的信息注入，如指挥部会议通告、救援现场等。

因为注入信息的数量较大，存在不同阶段不同类型的信息，所以综合实战演练还应对注入的信息进行统一编码，制定编码说明，使用统一的信息注入模板。信息注入编号应该能够识别出该条注入信息的阶段特征、顺序编号、类型属性等信息。例如，Ⅱ－12－M 代表第二阶段的第 12 条注入信息，该信息为针对管理层注入的信息，见表3－2。

表3-2　信息注入样表

信 息 注 入 表	
信息编号	Ⅱ－12－M
事件	（与进度计划表一致）
时间	（与进度计划表一致）
场景	（与进度计划表一致）
涉及人员	
期望行动	
资源环境	
信息内容	
预期问题	
注入渠道/形式	
评估检测编码	

冲突是一种特殊的信息注入形式，冲突的设计应该匹配参演人员所具备的冲突处理能力，应该对已有一定演练基础的参演人员开展。冲突同样可以通过不同的渠道和方式进行注入，以冲突的形式检验和评估参演人员应变、处突等方面的能力，一般多用于管理能力的检测。

（六）场景设计方案

场景设计方案是关于模拟场景具体要素、要求、使用时间、地点的文字和图片描述，用于指导导调人员进行场景布置和向评估人员提供评估的背景信息，其包括所有场景设计的规划、具体场景的描述和介绍、场景编码对照表（表3-3），以及场景说明样表（表3-4）。复杂的多场景演练可以对场景的属性再次进行分类、编码，例如将评估管理能力的场景与评估技术操作的场景进行区分。

表3-3　场景编码对照表（参考示例）

序号	场地编码	虚拟场地名称	实际场地位置	场地使用时间	预计使用时长	评估能力编码	主要场地要求	模拟员要求	备注
1	M1								
2	R2	悬崖吊运场地	消防训练墙	多科目使用	—	4.2	虚拟场景布置	虚拟指挥人员	多场次使用，候场
3	M7								
4	A1								
5	A4	××训练场	1号斜楼	2天8—10点	2小时	4.3~4.6	实体搭建	伤员1名	伤情准备

表3-4　场景说明样表

项　目	内　　容
场地编码	与场景编码对照表一致
场地描述	场地环境概述，伤员情况简述
使用时间	×月×日××—××点
场地位置	实际场地位置
场地要求	包括演员要求，场地布置、搭建要求
演练科目	预设演练的科目
评估标准	对应演练科目的评估考核要点
场地图片	实际场地位置图片

（七）突发事件背景

突发事件背景信息是指整场演练的基础背景介绍，是根据演练规划的目标、目的、范围、科目来进行设定的，要与被检测参演人员所具备的能力相符。突发事件背景信息应该符合实际，全面丰富，有时间发展逻辑，有一定的系统性，涉及特定人群、自然环境、通信环境、突发事件要素（事故灾害级别、造成损失的规模等）、管理要素（已开展的应急反应措施、现场的救援力量情况）。

（八）演练手册编制

演练手册的编制主要考虑不同职务和身份的人员所需要提供的信息具有差异性，同样是工作人员手册，也需要按照具体工作内容进行分类编制。一些突出检验性功能的综合实战演练希望完全检验评估参演人员的技术能力，会选择更为严格的保密要求，这一类演练的手册编制需要按级别披露演练信息。

（1）工作人员手册。导调员、模拟员和评估员手册共同的部分包括：手册的目的和作用，演练范围概述，演练的目的、目标，导调员、模拟员、评估员的角色、职责和工作流程，演练的背景，相关参演者的职责分工，相关预案或标准化操作程序，演练前对导调员、模拟员、评估员的指导与培训工作的安排，演练后热反馈、总结会和评估报告等后续工作的安排等。

（2）参演人员手册。参演者手册的内容框架包括：应急演练概要，参演者角色与行为规范，联络方式，座次分布图，相关职能部门的职责分工、相关预案或标准化操作程序等附件。

（3）观摩人员手册。观摩人员手册的具体内容可参照工作人员手册的内容确定，通常较工作人员手册更简略。其主要内容包括：手册的目的和作用，演练范围概述，演练的目的、目标，突发事件背景，演练场景信息清单，相关预案或标准化操作程序，对观摩人员行为的建议或观摩注意事项，联系方式等。

四、建筑物倒塌搜救演练综合保障准备

信息表达手段和演练工具是演练综合保障的重要基础。建筑物倒塌搜救演练综合保障准备涉及人员、场地、物资、装备、财务、宣传等多方面的保障统筹协调工作。

（一）信息表达手段和演练工具的准备

为了使应急演练最大限度地贴近现实，增强应急演练效果，需要采用一些增强演练真实感的信息表达手段。这些手段主要分为电子类、纸质类和实物类三种。电子类包括视频信息、场景信息的三维模拟展示等；纸质类包括地图、设施

平面图和现状告示板、组织结构图、日志等；实物类包括沙盘、模型等。

演练工具是参演者的工作凭据和手段，主要包括操作类工具和通信类工具两类。操作类工具包括纸笔、信息展板等；通信类工具包括电话、对讲机、GPS（北斗）终端、网络通信等。

（二）实战演练的现场准备

（1）人员准备。实战演练中涉及多种角色，必须对其人数和所处位置做出详细规划和落实。

（2）场地准备。演练准备期间实地踏勘场地后，应整理场地的地图、轨迹标识等信息，同时在选择演练场地时要考虑空间的充分性和现实性。充分性要考虑是否能够容纳演练工作人员、参演者、观摩人员和车辆停放的位置。现实性要考虑在不影响安全的情况下尽可能真实，并且要模拟突发事件的真实响应地点。实战演练的演练区域可能包括一个或多个模拟的突发事件地点以及应急指挥中心。对这些区域做出明确标志很重要，既可确保参演者安全，又可以有效避免与现实世界的行动混淆。

（3）文档、物资和设备准备。分析演练场景信息有助于确定所需文档、物资和设备的种类、数量并预估成本。演练物资和设备的部署要合理、厉行节约，但又要尽可能实用、有真实感，也可向其他机构借用或获得捐赠。

（4）财务准备。在获取资源时，应计算成本（初始成本和潜在的后续成本）及可能的补偿总额。演练涉及的财务支出主要包含：场地租赁费用，专家费用、人员补贴，交通费用、设备和车辆燃料，用具和物资的采购、租用或制作费，保险费，设备损耗、维修费用等。

（5）媒体宣传。演练设计时要把媒体宣传列入演练计划与准备中，这样不仅有助于为演练赢得支持，也有助于提高演练的真实性。

（6）现场管理。现场管理涉及空间管理、现场部署和对物品的管理：①空间管理，主要解决演练空间的布局问题，包括人员位置，各类物品、设施和车辆的摆放；②现场部署，要布置一个逼真的演练现场，重点关注怎样模拟紧急事态，例如是在什么样的环境背景下发生的山地户外安全事故，谁来模拟伤员，怎样确保演员能扮演好自己的角色；③对物品的管理，需要考虑如何运输到现场，现场在哪里放置，谁来负责管理，怎样转运和归还借用的物品等。

五、建筑物倒塌搜救演练应急保障

在实战演练的全过程中，全体参演人员需要随时保持对安全的关注，在演练准备及演练过程中可能发生的安全问题，均需在演练计划、演练手册中提示并逐一明确保障方案和应对措施。

（一）安全措施

演练组织单位要高度重视演练组织与实施全过程的安全保障工作。大型或高风险演练活动要按规定制定专门的应急预案，采取预防措施，并对关键部位和环节可能出现的突发事件进行针对性演练，根据需要为演练人员配备个体防护装备，购买商业保险。对可能影响公众生活、易于引起公众误解和恐慌的应急演练，应提前向社会发布公告，告知演练内容、时间、地点和组织单位，并做好应对方案，避免造成负面影响。

演练现场要有必要的安保措施，必要时对演练现场进行封闭或管制，保证演练安全进行。演练出现意外情况时，演练总指挥与其他领导小组成员会商后可提前终止演练。安保后勤人员要加强应急演练现场管控，防止无关人员进入，保证现场安全。若演练涉密或有不宜公开的内容，则需要制定严格的保密措施，防止因工作不当出现泄密事件。

演练领导小组要指派专门的安全员，其主要职责是从安全角度掌控整场演练。以下所列为一些安全措施建议：

（1）把安全考虑列入演练设计中。

（2）把检验演练安全的职责分给每个演练导调组成员。

（3）识别所有的安全隐患并逐一加以解决。

（4）把安全须知作为演练前情况简介的一部分加以宣读。

（5）将安全要素列入模拟员和评估员的文件包中。

（6）演练前要检查每一演练地点，确保已排除安全隐患。

（7）确保在出现安全问题时安全官有权中止某一行动，甚至整场演练。

（8）准备真正的突发事件发生时的中止程序。

（二）演练中止

演练中，尤其是较长时间的演练中，可能会发生真正的突发事件。在某些情况下，如应急处置的人手不够或演练妨碍真正的应急处置，需要中止演练来处理真正的突发事件。每一场演练都应该有一个预先计划好的中止程序，从而能够使人员、设备迅速回到正常岗位。中止程序要包括一句约定的提示语。导调员和安全官可用这个提示语来指示以下情况：

（1）演练已经中止。

（2）所有人员应该到自己的常规职责岗位报到。

（3）所有的通信设施将恢复正常使用。

在演练之前，中止程序应当通过检测以确认可行。

（三）准备应对突发事件

要考虑到由于参与演练，可能会大大减弱参与单位应对真实突发事件的能力，为此要注意以下4点：

（1）要确保留有足够的人员和物资在真实的紧急事件发生时能够履行其职责。

（2）考虑动用后备人员替班或者寻求其他辖区或组织的帮助。

（3）考虑动用志愿者作为替班人员参与可能的突发事件应对。

（4）必要时，中止演练。

（四）法律责任

法律责任方面的问题，包括演练期间的纠纷、矛盾等，都要由律师或法律顾问协助处理。

第三节　建筑物倒塌搜救演练的实施

一、建筑物倒塌搜救应急演练的角色与职责

（1）演练组织者。一般来说，演练组织者是负责设计演练、组织实施和评估演练的人员。演练组织方往往是一种项目式组织，如演练指挥部、演练领导小组、演练控制组、演练导调组等。在应急演练实施过程中，演练组织者有导调员、导调官等。导调员是对演练进程进行导演、调控的人员，有时也被称为控制员。在实际演练中，往往由多名导调员组成一个导调组负责演练的全部组织工作。导调员作为演练的组织者，要在演练进程中不断地向参演者发出动态事件信息，调控信息流动的速度、节奏，决定根据实际情况发出的随机信息的内容。在交互式桌面演练中，导调员还要回应参演者做出的反应。导调员尤其是主导调员要有丰富的突发事件应对经验和演练组织经验。在实战演练实施中，演练组织者被称为导调官或者演练指挥者，其中的主要指挥者被称为演练总指挥。由于实战演练要确保安全与秩序，演练导调官或者演练指挥者不仅要像前述导调员那样对演练过程进行引导和控制，而且要对演练相关参与者"发号施令"，指挥演练按照既定的计划进行。

（2）演练参演者。演练参演者负责扮演角色，完成被赋予的演练任务，获得演练目标所期望的能力提高方面的收益。在演练作为培训的一部分时，演练参演者又称为参训者。在实战演练中，参演者不仅包括应急指挥部人员，还包括现场处置与救援人员。在较大规模的实战演练中，参演者可能分属总指挥部、现场

指挥部、灾害处置现场、新闻发布现场等。

（3）演练模拟员。演练模拟员是导调人员的配合者，负责扮演演练中需要参演者处置或应对的角色。一场实战演练涉及很多层面的演练模拟员，主要包括：决策者——主要决策者和部门政策制定者；管理者——应急管理部门人员；行动人员——执行指令的人员，如消防员、警察、医生、搜救队员、搜救志愿者等。

（4）演练评估员。演练评估员是负责对演练参演者的行为进行评估的人员。最简单的分析式桌面演练可以不设评估员，但复杂的演练要设庞大的评估组。多场地演练要在每个演练场地设评估员。

（5）演练观摩人员。演练观摩人员是对演练活动进行观察或学习的人员。这些人员要在不干扰参演者演练工作的前提下旁观演练过程。

二、建筑物倒塌搜救演练过程

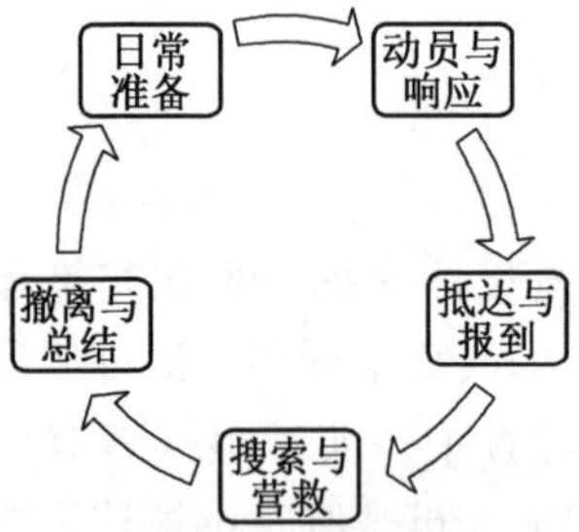

图 5-2　建筑物倒塌
搜救的 5 个阶段

应急演练的实施是一个双重过程，其显性过程是参演人员的应急处置与救援过程；其隐性过程是演练组织方引导应急演练的导调或控制过程。前一个过程是目的，后一个过程是手段。

建筑物倒塌搜救按时间进度划分为 5 个阶段：日常准备阶段、动员与响应阶段、抵达与报到阶段、搜索与营救阶段、撤离与总结阶段，如图 5-2 所示。社会应急力量可根据自身的资源协调和动员能力，重点针对某一阶段中的能力建设和检验开展演练，或开展全流程综合性演练。

三、建筑物倒塌搜救演练实施的基本方法

（一）召开演练预备会

演练预备会一般在演练举行之前召开，其主要目的是告知参加人员的职责分工。演练计划小组成员可以给有关领导、导调员和评估员、模拟人员、参演者和观察员安排单独的演练预备会，可以避免给各组不相关的材料，确保演练的设计、开发和实施与有关领导的指导一致。

（1）领导人情况介绍会。在实施前，要向相关领导人汇报演练准备情况，使演练实施计划获得批准。

（2）导调员和评估员情况介绍会。在导调员和评估员情况介绍会上，要先

做演练的总体介绍，然后介绍演练的场地和区域、演练事件的时间表、主要演练场景、演练导调的理念、导调员和评估员的责任、填写演练评估指南的说明等；事项复杂时，可以对评估员额外进行培训。

（3）模拟员情况介绍会。模拟员情况介绍会应当安排在演练之前，即在模拟员到达指定地点担负起角色之前进行。负责管理模拟员的导调员主持这场介绍会，会上要介绍演练概述、演练活动时间表、扮演角色的说明、伤病号症候卡、演练中的安全问题、出现真实的紧急情况的应对程序等。在情况介绍会上，要分发身份识别的标牌和所扮演角色的症候卡等物品。

（4）参演者情况介绍会。在演练开始前，导调员要对所有的参演者召开情况介绍会，介绍每个人的职责分工、演练相关参数、安全保障、角色标牌以及演练后勤问题，应向所有参演者说明演练规则。演练规则帮助参演者理解在演练环境中的角色，理解什么是恰当的行为，明确行动和身体接触的指导原则，防止对个人造成身体伤害或对财产造成损失。

（5）观摩人员情况介绍会。一般在演练的当天举行观摩人员情况介绍会，告知观摩人员演练的背景、事件场景、事件时间表、对观摩人员的限制等。观摩人员常常不熟悉应急处置的程序，对看到的演练活动随时会产生疑问。演练指挥部可以指定专门人员陪伴他们观摩演练并及时回答问题，这样可以防止他们直接向参演者、导调员或评估员提出问题。

（二）启动演练

启动演练在导调官作必要的动员和说明后进行。启动演练既可以通过一个正式渠道的灾情信息、电台新闻、报警服务台的电话，也可以是市民热线的一个电话。

（三）演练推进

演练推进，包括以下四种。

（1）预先设计式：导调官输入预先设计的信息，如通过电话、传真等方式报告外部信息。

（2）实景模拟式：突发事件现场的实物、实景，模拟人员所展示的信息和行动。

（3）自发响应式：参演者对各种信息和行动做出自发性的响应行动。

（4）强制干预式：计划性暂停、突发性强制暂停及恢复。

在演练过程中，现场事先展示的信息和行动以及参演者的每一步响应行动不容易控制，因而预先设计的动态信息的导入就成为控制演练进程的重要手段。导调官应按照演练导调的基本原则灵活掌握动态信息导入。在研究型演练或较为复杂的长时间综合性演练推进过程中，参演人员不太熟悉整个响应流程，可将演练中设计放入暂停推进的阶段，用于参演人员思考和休整。在演练进程中若出现参演人员完全偏离了设定参演目标，演练无法正常推进的情况，导调组应强制暂停演练，将演练目标任务清晰传达后，再恢复演练推进。

（四）演练导调

1. 导调原则

（1）管理有方，协调有力。控制演练进程的演练总导调官或总指挥要对演练现场各个方面的工作按照程序严格管理，对各个方面演练导调官的行动综合协调，确保整个演练现场的管理井然有序、无安全漏洞。

（2）乱中有序，直指目标。演练必然会产生一定程度的忙乱，有时演练设计上也要制造一定的混乱景象，以最大限度地模拟真实突发事件发生时的整体图景。然而，在总导调心中，要乱中有序，形乱而神不乱。每一个场景、每一个"混乱"场面都是符合设计要求的活的信息，都要与一定的演练目标遥相呼应。

（3）随机应变，胸中有数。每一个现场场景，在其发生发展过程中都可能会发生与预想情况不是十分吻合的局面。演练导调官要因势利导，利用这些变化的新情况，提出符合演练目标需求的演练任务，引导参演者采取相应的行动。

（4）有机衔接，浑然一体。演练导调官要用全局视野不断审视判断演练进程，使演练中的各种真实事件、虚拟事件有机衔接，形成相互之间的有机联系，构成浑然一体的演练局面。

2. 演练控制与保障行动

为了防止与真实世界的沟通混淆，所有的沟通必须明确识别为与演练相关。可以在所有书面或打印的沟通材料上明确标示"仅作为演练材料"短语，在每次口头沟通时首先说明"这是一场演练"，或者演练指挥部同意的其他类似说明。

演练的导调员具有重要作用。导调员要在整个演练期间与其他导调员保持密切沟通，调派人员时要符合实际、确保安全。在一个参演小组到达集合区的时候，导调员要负责点名，确保所有参演者都到位。根据调度时间，安排参演人员的位置；由具备资质的人员对参演人员进行装备检查，装备尽可能都贴上标签，表明可以安全地应用于演练。该导调员也负责演练的后勤组织，包括各参演小组的位置安排，以及调派参演小组离开该区域。导调组或演练指挥部必须根据现实的响应情况，及时调整人员调派时间表；如果没有做到这一点，会导致演练受到影响或组织无序。必须告知演练导调员对演练安排的任何变更，以使其及时更新参演人员调派时间表。

在实战演练中，所有演练导调官都应采取适当行动以确保安全和有保障的演练环境。这些确保行动可能包括监测影响参演者和模拟员安全的情况，如高温和其他健康问题。

3. 备用程序

为了应对突发事件，演练计划小组应制定备用程序，根据需要暂停、推迟或取消演练。如果演练的实施有可能影响对真实世界的突发事件做出响应，或者出现真实的突发事件妨碍演练实施的情况，演练指挥部和导调官应立即开会研究，确定适当的行动调整方案。在最终行动方案做出后，演练指挥部应通过各种相关的沟通机制，向所有演练相关方通报这一行动方案，并予以执行。

在应急演练实施过程中，出现特殊或意外情况，短时间内不能妥善处理或解决时，应急演练总指挥应按照事先规定的程序和指令中断应急演练。

4. 应急演练的热反馈

（1）热反馈的含义、性质和意义。热反馈是指演练推进暂停期间或演练结束后，在导调人员或演练主持人的组织下，参演者对自己的参演行为进行反思的工作。热反馈通常在演练暂停时和结束后立刻进行。热反馈不是由第三方对参演者进行评估，而是由参演者进行的自我反思。热反馈为演练参加人员提供了一个反思学习的机会，在演练实施动作刚刚结束后，讨论演练的收获和待改进之处，这是参演者能够获得自我提升的有效手段。热反馈一方面能够帮助参演者互相启发、自我提升；另一方面能够帮助评估员掌握更多的评估数据，有助于使评估建立在更为坚实的数据基础之上。

（2）热反馈的工作流程。热反馈应由有经验的主持人或专家引导，以确保讨论能够简短和具有建设性。在热反馈的基础上收集的信息可以在演练评估报告中使用，演练建议也可以用于改进未来的演练。热反馈还应提供反馈表分发给参演者，参演者提交后，可以帮助评估员形成演练评估报告。

（3）热反馈的构成步骤：①演练主持人介绍热反馈的目的、意义和具体安排；②演练主持人带领大家回顾演练基本过程，必要时，可以回放演练录像；③参演人员分组讨论演练中的得失；④参演人员代表向全体人员汇报本组讨论结果，如果参演人员不多，则可以省略分组讨论，直接进入全体人员反思环节；⑤由演练主持人或有关专家进行小结。

（4）热反馈的注意事项。热反馈不是一个机械的自我批判过程，而是一个积极的反思学习过程。因此，主持人应始终维护好一个友好的、积极的讨论氛围；当出现有人指责他人或自我防卫倾向时，主持人应当及时加以催化、引导；热反馈中的意见应当加以详细记录。

第四节　应急演练的评估与总结

一、应急演练的评估

应急演练评估主要是对照应急管理能力的要求与应急演练的目标，根据参演者完成关键任务的表现进行评估、提出具体的改进建议并予以记录。通过评估，促使参演单位与参演者改进应急管理流程，提高应急能力和水平，实现应急演练目的。所有应急演练活动都应进行评估。

评估工作的内容包括演练前的评估准备、演练中的数据收集与分析、演练后的评估报告与持续改进措施。

（一）演练评估准备

演练前的评估准备工作包括：制定评估方案；组建评估组，确定评估组组长、评估组成员，招募、培训和分配评估员，明确对评估小组的要求；开发评估员手册、应急演练评估表等评估文件；开预备会等。它是广义的演练计划和准备过程的一个组成部分，也是确保应急演练评估顺利完成的第一步。

（二）数据收集与分析

应急演练评估的价值在于它能对参演者提出建设性（正面或负面）的反馈，以改善有关机构应急响应的有效性。负责准备评估报告的人员通过分析各个评估员提供的评估结果，来分析演练活动和任务是否顺利执行，目标是否顺利实现，从而全面评价演练所反映出的应急响应能力。因此在演练实施时，评估员要善于观察演练，广泛收集数据，并且保留这些原始、准确的观察记录和笔记。这些记录将成为应急演练评估的基础和依据。

（三）演练评估报告与持续改进措施

召开完应急演练评估会议后，对照应急演练工作中暴露出来的问题，系统地提出改进措施。研究改进措施应当包含在评估报告的终稿中。

1. 全面改进措施

全面改进措施的内容非常广泛，主要包括以下内容。

（1）所有问题、建议及详细的改进措施。

（2）选出改进工作的负责人。

（3）提出改进时间表。

（4）确定改进行动的重点内容。

2. 不同目标周期的改进措施

改进措施既有针对短期目标的，也有针对中长期目标的。短期目标应在一个演练计划周期内完成，长期目标可能跨越多次演练或在一个多项演练的规划期内完成。因此在不同的时间段内要确定改进措施的侧重点，要强调那些投入产出效率最高的改进措施，如影响大、成本低的改进措施。

（1）短期改进措施。短期改进措施是根据当前工作的迫切需要，为解决当前实际工作中的突出问题而提出的改进内容。如果这些改进内容不加以实施，在突发事件发生时必然会给人民生命、财产安全和国家利益造成重大损失。同时这些改进措施在现有的人、财、物条件下能够保证有效落实。针对短期目标而实施的改进措施包括：完善队伍突发事件应急响应预案和处置流程，建立装备物资管理制度，加强队伍的专业技术、技能培训，提升应急处置能力等。

（2）中长期改进措施。中长期改进措施往往针对中长期目标，它是针对应急演练过程中所发现的难点问题而提出的改进办法。这些改进如果不加以实施，在突发事件发生时，可能会对人民生命、财产安全以及国家利益造成损失，但由于组织、人员、领导、培训、规划、设备、预算、法律制度等多方面因素的制约，或者整改建议包括多个步骤，或者需要获得更多的资源支持，因此不能在短时间内加以落实。这就需要制定合理、科学的改进时间表，建立长效机制，逐步落实改进。当逐步具备了人、财、物方面的资源支持，如获得专项拨款或资助、与其他单位成功签订了资源共享协议等，这些改进措施就能够加以落实。例如，应急管理人才队伍的培养机制、信息共享的数据库、救援各方协调联动制度的建立等，往往都属于中长期改进措施的范畴。

3. 改进的具体措施

具体措施是针对应急演练中暴露的问题、造成的原因等所提出的具体的整改意见、建议措施、方法。它是落实必要措施和可行性措施的具体举措，也是将短期、中长期改进目标落到实处的关键步骤。

二、应急演练的总结

演练的总结是演练组织者总结成绩、发现问题、形成理论并加以推广的过程。演练组织者通过梳理、系统归纳演练中的经验、教训，对后续工作提出方向性建议，形成可供分享、借鉴的书面报告，并不断提高应急演练的实用性和适用性，提升其应急演练组织能力。

演练总结包括总结报告、成果运用以及文件归档与备案工作。

（一）总结报告

演练总结报告的内容包括：演练目的、时间和地点、参演单位和人员、演练方案概要、发现的问题与原因、经验和教训，以及改进有关工作的建议等。演练总结可分为现场总结和事后总结。

（1）现场总结。在演练的一个或所有阶段结束后，由演练总指挥、总策划、专家评估组长等在演练现场有针对性地进行讲评和总结。其内容主要包括本阶段的演练目标、参演队伍及人员的表现、演练中暴露的问题、解决问题的办法等。

（2）事后总结。在演练结束后，由文案组根据演练记录、演练评估报告、应急预案、现场总结等材料，对演练进行系统和全面的总结，并形成演练总结报告。演练参与单位也可对本单位的演练情况进行总结。

（二）成果运用

对演练暴露出来的问题，演练单位应当及时采取措施予以改进，包括修改完善应急预案，有针对性地加强应急人员的教育和培训，对应急物资装备有计划地更新等，并建立改进任务表，按规定时间对改进情况进行监督检查。

（三）文件归档与备案

演练组织单位在演练结束后应将演练计划、演练方案、演练评估报告、演练总结报告等资料归档保存。

对于由上级有关部门布置或参与组织的演练，或者法律、法规、规章要求备案的演练，演练组织单位应当报有关部门备案。

附录　社会应急力量训练与考核大纲（建筑物倒塌搜救）

大　纲　说　明

一、训练与考核目的

为规范和指导社会应急力量的训练和考核工作，为其训练和测评提供依据，加强规范化、标准化建设，提高理论基础、技术水平、抢险救灾的能力，实现"以人为本"科学救援的目标，根据我国社会应急力量现状和发展要求，结合其特点和训练实际，参照军队、消防救援、森林消防、矿山救护等专业队伍训练与考核大纲，借鉴《INSARAG 国际搜索与救援指南》训练与测评经验，制订《社会应急力量训练与考核大纲（建筑物倒塌搜救)》(以下简称《大纲》)。

二、训练与考核原则

训练和考核要结合实际，严格落实按纲施训，《大纲》规定的课目训全、内容训实、时间训够、标准训到，坚持"以练为战"的指导思想，贯彻依法治训，遵循训战一致、注重效果、保证质量的原则。通过训练和考核，使参训人员更好地掌握专业技能，熟练地使用技术装备，为实现我国社会应急力量规范化、统一化、标准化建设打下坚实的基础。

三、大纲适用范围

《大纲》适用于社会应急力量建筑物倒塌搜救队伍开展训练、考核和测评工作；拟参与分级测评的社会应急力量亦可参考本大纲开展训练、考核工作。

四、大纲结构

《大纲》依据《社会应急力量救援队伍建设规范（建筑物倒塌搜救)》，将训练与考核内容分为救援基础、救援专业和演练 3 个部分。训练与考核时间分配均不同，具体内容见附表 1。

五、训练标准的基本含义

训练标准分为了解、理解、掌握、应用 4 个认知层次，其基本含义及可能包括的其他行为动词见附表 2。

附表1　建筑物倒塌搜救训练与考核时间分配参考表　　　　　h

队伍级别	救援基础科目	救援专业科目	演练科目	合计
1级	21	113	18	152

附表2　训练标准的4个层次

认知层次	基　本　含　义	可能包括的其他行为动词
了解	能够说出"是什么"。对所学内容有大致印象	说出、识别、举例、列举等
理解	能够明确"是什么"。能够记住学习过的内容要点，能够根据提供的材料辨认是什么	认识、能表示、辨认、比较、画出等
掌握	能够懂得"为什么"。能够领会和掌握概念和原理的基本含义，能够解释和说明一些简单的问题	熟悉、解释、说明、分类、归纳等
应用	能够熟练"使用"。能够分析所学内容（知识）的联系和区别，能够运用所学内容（知识）解决问题	操作、评价、使用、检验、维修、维护等

六、训练与考核内容

考核工作以理论考试、实操考核（含实地作业）的形式开展。考核工作由社会应急力量依据本大纲自行组织实施。考核成绩、考核评定、分级测评具体内容如下：

（一）考核成绩

考核成绩分为理论考试成绩、实操考核成绩，按百分制方式计算。个人综合成绩和队伍成绩计算方式如下：

个人综合成绩 = 理论考试成绩×20% + 个人所参加实操考核
成绩平均值×80%

队伍成绩 = 所有队员理论考试成绩平均值×20% +
所有实操考核科目成绩平均值×80%

（二）考核评定

根据成绩进行个人和队伍评定。评定标准：成绩90分及以上为优秀，80分及以上为良好，60分及以上为及格，60分以下为不及格。

（三）分级测评

社会应急力量队伍依据本大纲进行能力考核，可自愿申请进行分级测评。测评工作由相应的专业技术委员会负责组织实施。

七、其他情况说明

本大纲未明确的问题，视情况另行规定。

第一部分　救援基础训练

社会应急力量救援基础训练科目是建筑物倒塌搜救能力的基石，是对所有等级队伍的基本要求，建筑物倒塌搜救救援基础训练科目包括社会应急力量的基本概念、建筑物倒塌搜救的特点及队伍日常管理、应急救援基础知识、建筑材料及建（构）筑物安全常识、建筑物倒塌搜救救援装备概论、危化品基础知识、体能等内容。建筑物倒塌搜救基础训练与考核时间分配表见附表3。

附表3　建筑物倒塌搜救基础训练与考核时间分配参考表　　　　h

科　目	课　目		时　长
建筑材料及建（构）筑物安全常识	课目一：建筑物倒塌搜救特点与建筑材料		1
	课目二：建（构）筑物结构类型		1
	课目三：建（构）筑物损坏分类		1
	课目四：建（构）筑物倒塌形式		1
危险化学品基础知识	课目一：危险化学品的分类与常见危害特性		0.5
	课目二：避免搜救中的危险化学品伤害		1
搜救行动现场管理	课目一：信息管理		0.5
	课目二：后勤和安全管理		1.5
现场通信基础知识	课目一：建筑物倒塌搜救队内部通信		2
	课目二：救援行动基地与后方指挥中心的通信		1
现场行动基地搭建与运维	课目一：行动基地的选址		0.5
	课目二：行动基地的搭建		1
	课目三：行动基地的运维		0.5
心理救援基础知识	课目一：灾难与心理健康		0.5
	课目二：救援现场心理急救		0.5
	课目三：救援人员心理健康维护		0.5
体能训练	课目一：男子基础体能	5000 m 轻装跑	0.5
		俯卧撑	1
		5×10 m 折返跑	1
		平板支撑	1

附表 3（续） h

科　目	课　目		时　长
体能训练	课目二：女子基础体能	3000 m 轻装跑	0.5
		屈腿仰卧起坐	1
		5×10 m 折返跑	1
		平板支撑	1
合计	18 课目		21

第一章　建筑物倒塌搜救基础知识

第一节　建筑材料及建（构）筑物安全常识

【课目一】建筑物倒塌搜救的特点

对象：建筑物倒塌搜救队伍。

条件：救援专业训练教材；教室。

内容：1. 作业环境复杂。

　　　2. 营救难度大。

　　　3. 救援过程存在风险。

标准：1. 了解城市发生灾害后救援环境产生的不利因素。

　　　2. 了解在建（构）筑废墟中搜索被困人员中可能面临装备缺口与现实需求的矛盾。

　　　3. 熟悉救援人员在搜救过程可能面对的风险。

考核：理论考试，依据标准制订评分细则。

【课目二】建筑材料

对象：建筑物倒塌搜救队伍。

条件：救援专业训练教材；教室。

内容：1. 建筑材料分类。

　　　2. 建筑材料的物理性质和力学性质。

　　　3. 常见建筑材料的主要特性。

标准：1. 了解建筑物材料的种类及分类形式。

　　　2. 了解建筑物材料的密度、强度、脆性与韧性等性质。

3. 了解混凝土、建筑钢材、木材的主要特性。

考核：理论考试，依据标准制订评分细则。

【课目三】建（构）筑物结构类型

对象：建筑物倒塌搜救队伍。

条件：救援专业训练教材；教室。

内容：1. 按建（构）筑物材料分类。

2. 按建造方法分类。

3. 按倒塌形式分类。

标准：1. 了解钢筋混凝土结构、砌体结构与砖混结构、钢结构、木结构的优缺点。

2. 了解框架结构和非框架结构的特点。

3. 了解轻型框架组、承重墙结构组、重型楼板结构组、预制混凝土结构组的倒塌特点。

考核：理论考试，依据标准制订评分细则。

【课目四】建（构）筑物损坏分类

对象：建筑物倒塌搜救队伍。

条件：救援专业训练教材；教室。

内容：1. 结构损坏。

2. 非结构损坏。

标准：1. 了解结构损坏的特点。

2. 了解非结构损坏的特点。

3. 能够识别非结构损坏的危险因素。

考核：理论考试，依据标准制订评分细则。

【课目五】建（构）筑物倒塌形式

对象：建筑物倒塌搜救队伍。

条件：救援专业训练教材；教室。

内容：1. 层叠倒塌（"馅饼"式倒塌）。

2. 有支撑的倾斜倒塌。

3. 无支撑的倾斜倒塌。

4. "V"形倒塌。

5. "A"形倒塌。

标准：1. 掌握层叠倒塌（"馅饼"式倒塌）的原因及特点。

2. 掌握有支撑的倾斜倒塌的原因及特点。

3. 掌握无支撑的倾斜倒塌的原因及特点。

4. 掌握"V"形倒塌的原因及特点。

5. 掌握"A"形倒塌的原因及特点。

考核：理论考试，依据标准制订评分细则。

第二节　危险化学品基础知识

【课目一】危险化学品的分类与常见危害特性

对象：建筑物倒塌搜救队伍。

条件：救援专业训练教材；教室。

内容：危险化学品的分类与常见危害特性。

标准：1. 了解《危险化学品安全管理条例》相关内容。

2. 认识危险化学品在运输、储存、生产、经营、使用和处置过程中易出现的潜在风险。

考核：理论考试，依据标准制订评分细则。

【课目二】避免搜救中的危险化学品伤害

对象：建筑物倒塌搜救队伍。

条件：救援专业训练教材；教室。

内容：1. 预判。

2. 问询。

3. 辨识。

4. 测试。

5. 感知。

标准：了解预判、问询、辨识、测试、感知等方式，大致排除常见有毒有害和易燃易爆危险化学品存在的可能。

考核：理论考试，依据标准制订评分细则。

第三节　搜救行动现场管理

【课目一】搜救行动现场的信息管理

对象：建筑物倒塌搜救队伍。

条件：搜救专业训练教材；作业工具；作业场地。

内容：1. 后方平台信息收集、核实与动态跟踪。

　　　2. 后方平台信息分析和研判。

　　　3. 行动现场信息收集。

　　　4. 关键信息的发布和报告。

标准：1. 了解搜救行动现场管理措施中信息管理所包含的内容。

　　　2. 熟悉灾情信息的类别和信息收集的基本要素。

　　　3. 掌握信息的收集、核实与动态跟踪、信息分析、研判和发布、报告的方法等。

考核：实地作业，依据标准制订评分细则。

【课目二】工作场地分区管理

对象：建筑物倒塌搜救队伍。

条件：搜救专业训练教材；作业工具；作业场地。

内容：1. 工作场地的定义。

　　　2. 工作场地分区。

　　　3. 工作场地编码。

　　　4. 工作场地内分场地编码。

　　　5. 工作场地控制。

标准：1. 了解工作场地的定义和分区管理的作用。

　　　2. 熟悉工作场地分区和编码的方法和技术要点。

　　　3. 掌握工作场地控制的主要方法，警示标志和警戒带设置方法以及其所代表的含义。

考核：实地作业，依据标准制订评分细则。

【课目三】搜救现场通信管理

对象：建筑物倒塌搜救队。

条件：搜救专业训练教材，教室；个人通信器材，作业场地实操。

内容：1. 搜救现场协同通信的重要性。

　　　2. 使用无线电通信设备的注意事项。

　　　3. 搜救现场通信管理的原则。

　　　4. 实现分级通信的方法。

标准：1. 了解搜救现场协同通信的重要性。

2. 熟悉使用无线电通信设备的注意事项，掌握相应的通联汇报术语。

3. 了解实现分级通信的方式，掌握相应通信设备的使用方法。

考核：实地作业，依据标准制订评分细则。

第四节　现场行动基地搭建与运维

【课目一】行动基地的选址

对象：建筑物倒塌搜救队伍。

条件：救援专业训练教材；作业工具；作业场地。

内容：1. 行动基地的选址方式。

　　　2. 行动基地的组成。

　　　3. 行动基地的功能区布置。

　　　4. 行动基地设备。

标准：1. 掌握集中模式、分散模式、集中与分散联合模式的适用环境及特点。

　　　2. 熟悉行动基地主要功能的建立及布置。

考核：实地作业，依据标准制订评分细则。

【课目二】行动基地的搭建

对象：建筑物倒塌搜救队伍。

条件：救援专业训练教材；作业工具；作业场地。

内容：1. 准备工作。

　　　2. 基地的功能区搭建。

标准：1. 了解行动基地搭建前期的工作内容。

　　　2. 掌握行动基地搭建工作的实施方法。

考核：实地作业，依据标准制订评分细则。

【课目三】行动基地的运维

对象：建筑物倒塌搜救队伍。

条件：救援专业训练教材；作业工具；作业场地。

内容：1. 行动基地岗位职责。

　　　2. 行动基地保障。

　　　3. 行动基地安全管理。

标准：1. 熟悉行动基地值守人员的岗位设置要求。

2. 熟悉行动基地保障工作的主要内容。

3. 了解行动基地安全管理的主要措施。

考核：实地作业，依据标准制订评分细则。

第五节 心理救援基础知识

【课目一】灾难与心理健康

对象：建筑物倒塌搜救队伍。

条件：救援专业训练教材；作业工具；教室。

内容：1. 灾难对个体的心理影响。

   2. 灾后常见心理健康问题。

   3. 灾后心理应激反应。

标准：1. 了解灾难对受灾人员的心理影响。

   2. 了解灾难后心理健康的常见问题。

   3. 熟悉灾难后应激反应的三个阶段。

考核：理论考试，依据标准制订评分细则。

【课目二】救援现场心理急救

对象：建筑物倒塌搜救队伍。

条件：救援专业训练教材；作业工具；教室。

内容：1. 现场心理急救的基本内容。

   2. 现场心理急救的基本要求。

   3. 现场心理急救的方法。

   4. 现场心理急救程序及注意事项。

标准：1. 了解心理急救基本内容。

   2. 了解现场心理急救的基本要求。

   3. 熟悉现场心理急救的方法。

   4. 掌握现场心理急救程序及注意事项。

考核：理论考试，依据标准制订评分细则。

【课目三】救援人员心理健康维护

对象：建筑物倒塌搜救队伍。

条件：救援专业训练教材；作业工具；教室。

内容：1. 灾难救援现场心理健康维护。

2. 救灾结束后心理健康维护。

标准：1. 了解救援人员在灾难现场的心理反应。

2. 了解救援人员救援结束后心理维护的方法。

考核：理论考试，依据标准制订评分细则。

第六节 体 能 训 练

【课目一】男子基础体能

对象：建筑物倒塌搜救队伍。

条件：救援专业训练教材；器械；室内、室外。

内容：1. 5000 m 轻装跑。

2. 俯卧撑。

3. 5×10 m 折返跑。

4. 平板支撑。

考核：实操考核，依据标准制订评分细则。男子基础体能考核标准参考表见附表4。

附表4 男子基础体能考核标准参考表

项 目	25 岁以下	25~29 岁	30~34 岁	35~39 岁	40 岁及以上
5000 m 轻装跑/min	27.5	28.5	30.5	31.5	32.5
俯卧撑/次	40	36	32	28	20
5×10 m 折返跑/s	30	32	35	38	42
平板支撑/min	5	4	3.5	3	2.5

【课目二】女子基础体能

对象：建筑物倒塌搜救队伍。

条件：救援专业训练教材；器械；室内、室外。

内容：1. 3000 m 轻装跑。

2. 屈腿仰卧起坐。

3. 5×10 m 折返跑。

4. 平板支撑。

考核：实操考核，依据标准制订评分细则。女子基础体能考核标准参考表见附表5。

附表5 女子基础体能考核标准参考表

项 目	25 岁以下	25～29 岁	30～34 岁	35～39 岁	40 岁及以上
3000 m 轻装跑/min	18	18.5	19.5	20.5	22
屈腿仰卧起坐/次	20	18	15	12	10
5×10 m 折返跑/s	32	35	40	45	50
平板支撑/min	4	3.5	3	2.5	2

第二部分 救援专业训练

社会应急力量（建筑物倒塌搜索）救援专业训练包括城建筑物倒塌搜救救援装备概述、建筑物倒塌搜救现场作业评估、建筑物倒塌搜救现场安全防护、建筑物倒塌搜救队现场搜索技术、现场营救基础知识、破拆救援技术与装备操作、支撑救援技术与装备操作、障碍物移除救援技术与装备操作、顶升救援技术与装备操作、绳索救援技术与装备操作、建筑物倒塌搜救队现场医疗急救技术共十一个模块的训练科目，通过训练提高搜索和营救行动的技术能力、岗位要求与团队协同作业能力，提高队伍整体的专业水平。建筑物倒塌搜救专业训练与考核时间分配参考表见附表6。

附表6 建筑物倒塌搜救专业训练与考核时间分配参考表 h

科 目	课 目	时 长
建筑物倒塌搜救装备概述	课目一：基本的搜救装备类型	0.5
	课目二：救援装备的维护与保养	1.5
建筑物倒塌搜救现场作业评估	课目一：收集信息和快速勘查现场	1
	课目二：工作场地分区	1
	课目三：场地控制	1
	课目四：现场安全评估与工作场地优先分类	2
建筑物倒塌搜救现场安全防护	课目一：个人防护	2
	课目二：作业防护	2
	课目三：黑暗环境中伤员保护	2
建筑物倒塌搜救队现场搜索技术	课目一：搜索程序与方法	1
	课目二：搜索标识和信号	2

附表6（续）   h

科　目	课　目	时　长
现场营救 基础知识	课目一：营救的基本概念	1
	课目二：现场营救策略	2
	课目三：现场营救步骤	2
破拆救援技术与 装备操作	课目一：破拆救援技术	1
	课目二：常用破拆装备及其操作	1
	课目三：常用破拆操作技巧	12
支撑救援技术与 装备操作	课目一：支撑救援技术	1
	课目二：常用支撑装备	2
	课目三：常用支撑操作技巧	12
障碍物移除救援 技术与装备操作	课目一：障碍物移除救援技术	1
	课目二：常用障碍物移除装备与操作	1
	课目三：常用障碍物移除操作技巧	12
顶升救援技术与 装备操作	课目一：顶升救援技术	2
	课目二：常用顶升装备	2
	课目三：常用顶升操作技巧	12
绳索救援技术与 装备操作	课目一：绳索救援技术的定义及分类	1
	课目二：常用绳索装备	2
	课目三：绳索技术	12
现场医疗急救技术	课目一：现场检伤分类方法	1
	课目二：创伤急救四大技术	4
	课目三：心肺复苏	6
	课目四：自动体外除颤仪	1
	课目五：建筑物倒塌压埋伤员的特殊救治事项	2
	课目六：疾病预防控制	1
	课目七：消毒	1
	课目八：常见病症	2
合计	37 课目	113

第二章　建筑物倒塌搜救装备与搜救技术

第一节　建筑物倒塌搜救装备概述

【课目一】基本的救援装备类型

对象：建筑物倒塌搜救队伍。

条件：救援专业训练教材；作业装备；作业场地。

内容：1. 营救装备。

　　　2. 医疗装备。

　　　3. 侦检、搜索装备。

　　　4. 通信装备。

　　　5. 后勤装备。

标准：1. 了解城市搜救装备的基本要求。

　　　2. 了解城市救援装备的分类。

考核：实地作业，依据标准制订评分细则。

【课目二】救援装备的维护与保养

对象：建筑物倒塌搜救队伍。

条件：救援专业训练教材；作业装备；作业场地。

内容：1. 救援装备日常运转检查。

　　　2. 搜索、侦检仪器维护保养。

　　　3. 液压装备维护保养。

　　　4. 内燃机动装备维护保养。

　　　5. 气动顶升装备维护保养。

　　　6. 手动、电动凿破装备维护保养。

标准：1. 了解充电设备、救援车辆日常运转工作状况。

　　　2. 熟悉搜索、侦检仪器维护保养的技术要点。

　　　3. 熟悉液态装备维护保养的技术要点。

　　　4. 熟悉四冲程、二冲程内燃发动机装备维护保养的技术要点。

　　　5. 熟悉气动顶升装备维护保养的技术要点。

考核：实地作业，依据标准制订评分细则。

第二节　建筑物倒塌搜救现场作业评估

【课目一】收集信息和快速勘察现场

对象：建筑物倒塌搜救队伍。

条件：救援专业训练教材；作业工具；作业场地。

内容：1. 现场勘察。

　　　2. 现场询问。

标准：1. 掌握现场勘察的技术要点。

　　　2. 理解向当地群众询问并获取详细信息的意义。

考核：实地作业，依据标准制订评分细则。

【课目二】现场安全评估与工作场地优先分类

对象：建筑物倒塌搜救队伍。

条件：救援专业训练教材；作业工具；作业场地。

内容：1. 现场安全评估的内容。

　　　2. 结构定位标记。

　　　3. 工作场地优先分类。

标准：1. 掌握救援队进入工作场地前应评估的主要内容及应急策略。

　　　2. 掌握结构外部定位标记的技术要点。

　　　3. 掌握结构内部定位标记的技术要点。

　　　4. 掌握建（构）筑物层数标记的技术要点。

　　　5. 熟练使用废墟搜救安全评估表。

　　　6. 掌握工作场地优先分类的技术要点。

　　　7. 熟练使用工作场地优先分类表。

考核：实地作业，依据标准制订评分细则。

第三节　建筑物倒塌搜救现场安全防护

【课目一】个人防护

对象：建筑物倒塌搜救队伍。

条件：救援专业训练教材；相关装备；作业场地。

内容：1. 个人防护装备。

　　　2. 现场安全防护。

标准：1. 了解个人防护装备在救援环境中的重要性。

2. 熟悉救援作业现场的风险状况及应急措施。

考核：实地作业，依据标准制订评分细则。

【课目二】作业防护

对象：建筑物倒塌搜救队伍。

条件：救援专业训练教材；相关装备；作业场地。

内容：1. 建立安全通道。

　　　2. 确定撤离路线。

　　　3. 设置现场安全员。

标准：1. 了解作业场地中创建安全通道的注意事项。

　　　2. 了解紧急撤离路线选择的基本要求。

　　　3. 熟悉安全员在作业场地的重要性及任务特点。

考核：实地作业，依据标准制订评分细则。

【课目三】黑暗环境中伤员保护

对象：建筑物倒塌搜救队伍。

条件：救援专业训练教材；相关装备、器材；作业场地。

内容：黑暗环境中的保护。

标准：1. 了解极端环境下被困人员的心理变化及应对方法。

　　　2. 掌握极端环境下被困人员基本自救的技能。

　　　3. 掌握极端环境下求救的方法及黑暗环境中的防护。

考核：实地作业，依据标准制订评分细则。

第四节　建筑物倒塌搜救队现场搜索技术

【课目一】搜索程序与方法

对象：建筑物倒塌搜救队伍。

条件：救援专业训练教材；相关装备、器材；作业场地。

内容：1. 搜索程序。

　　　2. 搜索方法。

标准：1. 了解搜索的基本程序和三种主要搜索的方法。

　　　2. 掌握呼叫搜索的技术要点。

　　　3. 掌握"一"字形或弧形搜索的技术要点。

　　　4. 掌握环形搜索的技术要点。

5. 掌握空间搜救的技术要点。

6. 了解犬搜索的方法。

7. 了解声波/震动生命探测仪的操作方法。

8. 了解光学生命探测仪的操作方法。

9. 掌握便携式红外线生命探测仪的操作方法。

10. 了解电磁波生命探测仪的操作方法。

11. 了解综合搜索的基本方法。

考核：实地作业，依据标准制订评分细则。

【课目二】搜索标识和信号

对象：建筑物倒塌搜救队伍。

条件：救援专业训练教材；相关装备、器材；作业场地。

内容：1. 工作场地标记。

2. 被埋压人员标记。

3. 快速清理标记系统。

4. 信号。

5. 搜索图表。

标准：1. 理解并正确使用工作场地标记。

2. 掌握被埋压人员标记的技术要点。

3. 会正确运用快速清理标记系统。

4. 掌握疏散、停止、重新行动信"记"号规定。

5. 会正确使用被埋压人员情况记录表、获救人员信息表、工作场地
流程表等。

考核：实地作业，依据标准制订评分细则。

第五节　现场营救基础知识

【课目一】营救的基本概念

对象：建筑物倒塌搜救队伍。

条件：救援专业训练教材；相关装备、器材；作业场地。

内容：1. 营救工作场地。

2. 营救空间。

3. 营救通道。

4. 逃生路线与安全地带。

标准：了解现场营救工作场地、空间、营救通道及逃生路线与安全地带的
　　　概念。

考核：实地作业，依据标准制订评分细则。

【课目二】现场营救策略

对象：建筑物倒塌搜救队伍。

条件：救援专业训练教材；相关装备、器材；作业场地。

内容：1. 接近被困人员。

　　　2. 通道创建方法。

　　　3. 通道安全评估。

　　　4. 现场营救注意事项。

标准：1. 了解接近被困人员的方式及优缺点。

　　　2. 掌握常用通道创建的方法及安全评估的步骤。

　　　3. 熟悉现场营救的基本原则。

考核：实地作业，依据标准制订评分细则。

【课目三】现场营救步骤

对象：建筑物倒塌搜救队伍。

条件：救援专业训练教材；相关装备、器材；作业场地。

内容：1. 营救场地评估。

　　　2. 营救计划制订。

　　　3. 工作区划分。

　　　4. 创建到达被困人员的通路。

　　　5. 救治受害者。

　　　6. 解救幸存者。

　　　7. 移出幸存者。

标准：1. 了解现场营救操作的顺序。

　　　2. 熟悉现场营救工作的一般步骤。

考核：实地作业，依据标准制订评分细则。

第六节　破拆救援技术与装备操作

【课目一】破拆救援技术

对象：建筑物倒塌搜救队伍。

237

条件：救援专业训练教材；相关装备、器材；作业场地。

内容：1. 破拆救援技术的定义。

2. 破拆救援技术的分类。

3. 破拆救援技术的基本策略。

4. 破拆方法。

5. 破拆类型。

标准：1. 了解破拆救援技术的定义及分类。

2. 熟悉破拆救援技术的基本策略和方法。

3. 了解切割、凿破、剪断三种基本破拆技术。

4. 掌握破拆金属材料的基本程序。

5. 掌握破拆木材的基本程序。

6. 掌握切割和穿透混凝土墙与砖墙的基本程序。

7. 掌握切割和穿透加固混凝土的基本程序。

8. 掌握垂直切割的方法。

9. 掌握水平切割的方法。

考核：实地作业，依据标准制订评分细则。

【课目二】 常用破拆装备及其操作方法

对象：建筑物倒塌搜救队伍。

条件：救援专业训练教材；相关装备、器材；作业场地。

内容：1. 液压泵。

2. 凿岩机。

3. 无齿锯。

4. 剪切钳。

标准：1. 熟悉汽油泵、电动泵、手动泵的特性及优缺点。

2. 熟悉电动凿岩机的应用环境、操作步骤、优缺点及注意事项。

3. 熟悉液压凿岩机的应用环境、操作步骤、优缺点及注意事项。

4. 熟悉手动凿破工具的应用环境、操作步骤、优缺点及注意事项。

5. 熟悉液压无齿锯的应用环境、操作步骤、优缺点及注意事项。

6. 熟悉电动无齿锯的应用环境、操作步骤、优缺点及注意事项。

7. 熟悉手动剪切钳的应用环境、操作步骤、优缺点及注意事项。

8. 熟悉液压剪切钳的应用环境、操作步骤、优缺点及注意事项。

考核：实地作业，依据标准制订评分细则。

【课目三】常用破拆操作技巧

对象：建筑物倒塌搜救队伍。

条件：救援专业训练教材；相关装备、器材；作业场地。

内容：1. 利用凿破及切割进行破拆操作的基本技巧。

　　　2. 利用凿破及切割进行破拆操作的高级技巧。

　　　3. 利用剪断技术处理钢筋的技巧。

　　　4. 破拆操作注意事项。

标准：1. 了解物体之间的应力关系。

　　　2. 掌握利用凿破及切割打通圆形营救通道的破拆技术要点。

　　　3. 掌握利用凿破及切割打通三角形营救通道的破拆技术要点。

　　　4. 掌握利用剪断技术处理钢筋的技术要点。

　　　5. 了解破拆操作时的注意事项。

考核：实地作业，依据标准制订评分细则。

第七节　支撑救援技术与装备操作

【课目一】支撑救援技术

对象：建筑物倒塌搜救队伍。

条件：救援专业训练教材；相关装备、器材；作业场地。

内容：1. 支撑救援技术的定义。

　　　2. 支撑救援技术的应用环境。

　　　3. 支撑救援技术的分类。

　　　4. 支撑救援技术的基本方法。

　　　5. 支撑救援技术的基本程序。

标准：1. 了解支撑救援技术的定义和应用环境。

　　　2. 了解支撑承重系统的分类。

　　　3. 掌握支撑救援技术的基本方法。

　　　4. 掌握支撑救援技术的基本程序。

考核：实地作业，依据标准制订评分细则。

【课目二】常用支撑装备

对象：建筑物倒塌搜救队伍。

条件：救援专业训练教材；相关装备、器材；作业场地。

内容：1. 木材切割装备。

2. 制式撑杆套件。

3. 木料及耗材。

标准：1. 熟悉锯铝机的应用环境、操作步骤、优缺点及注意事项。

2. 熟悉链锯的应用环境、操作步骤、优缺点及注意事项。

3. 熟悉手锯的应用环境、操作步骤、优缺点及注意事项。

4. 熟悉制式撑杆套件的应用环境、操作步骤、优缺点及注意事项。

5. 了解木材、耗材及辅助材料的规格要求。

考核：实地作业，依据标准制订评分细则。

【课目三】常用支撑操作技巧

对象：建筑物倒塌搜救队伍。

条件：救援专业训练教材；相关装备、器材；作业场地。

内容：1. 钉子的钉固方式。

2. 楔子的正确使用方式。

3. 叠木支撑（"井"字形支撑）。

4. 单"T"支撑。

5. 双"T"支撑。

6. 门窗支撑。

7. 水平支撑。

8. 斜面支撑。

标准：1. 掌握半护板的钉固方式。

2. 掌握全护板的钉固方式。

3. 掌握角板的钉固方式。

4. 掌握长胶合护板的钉固方式。

5. 掌握楔子的正确使用方式。

6. 掌握叠木支撑的操作方法和技术要求。

7. 掌握垂直支撑的操作方法和技术要求。

8. 掌握门窗支撑的操作方法和注意事项。

考核：实地作业，依据标准制订评分细则。

第八节　障碍物移除救援技术与装备操作

【课目一】障碍物移除救援技术

对象：建筑物倒塌搜救队伍。

条件：救援专业训练教材；相关装备、器材；作业场地。

内容：1. 障碍物移除救援技术的定义。

　　　2. 移除的基本原则。

　　　3. 障碍物移除救援技术的分类。

　　　4. 障碍物移除救援技术的基本方法。

标准：1. 了解障碍物移除救援技术的定义及移除作业的基本原则。

　　　2. 了解障碍物移除救援技术的三种分类方式。

　　　3. 熟悉障碍物移除救援技术的基本方法。

考核：实地作业，依据标准制订评分细则。

【课目二】常用障碍物移除装备与操作

对象：建筑物倒塌搜救队伍。

条件：救援专业训练教材；相关装备、器材；作业场地。

内容：1. 手动牵拉器套件。

　　　2. 手动简易装备。

标准：1. 熟悉手动牵拉器的应用环境、操作步骤、优缺点及注意事项。

　　　2. 了解手动简易装备种类及操作时的注意事项。

考核：实地作业，依据标准制订评分细则。

【课目三】常用障碍物移除操作技巧

对象：建筑物倒塌搜救队伍。

条件：救援专业训练教材；相关装备、器材；作业场地。

内容：1. 利用手动工具滚动障碍物并移除。

　　　2. 利用手动工具及杠杆原理进行障碍物移除。

　　　3. 利用叠木支撑和杠杆原理进行障碍物移除。

　　　4. 利用手动牵拉器进行障碍物移除。

标准：1. 掌握利用手动工具滚动障碍物并移除的操作步骤及注意事项。

　　　2. 掌握利用手动工具及杠杆原理进行障碍物移除的操作步骤及注意事项。

　　　3. 掌握利用叠木支撑和杠杆原理进行障碍物移除的操作步骤及注意事项。

　　　4. 掌握利用手动牵拉器进行障碍物移除的操作步骤及注意事项。

考核：实地作业，依据标准制订评分细则。

第九节　顶升救援技术与装备操作

【课目一】顶升救援技术

对象：建筑物倒塌搜救队伍。

条件：救援专业训练教材；相关装备、器材；作业场地。

内容：1. 顶升救援技术的定义。

   2. 顶升救援技术的分类与策略。

   3. 顶升操作流程。

   4. 注意事项。

标准：1. 了解顶升救援技术的定义及分类。

   2. 掌握垂直顶升、水平顶升的应用环境及技术要点。

   3. 掌握单点顶升、多点顶升的技术要点。

   4. 熟悉顶升操作的基本程序。

   5. 熟悉顶升作业过程中的注意事项。

考核：实地作业，依据标准制订评分细则。

【课目二】常用顶升装备

对象：建筑物倒塌搜救队伍。

条件：救援专业训练教材；相关装备、器材；作业场地。

内容：1. 气动顶升气垫。

   2. 液压千斤顶。

标准：1. 熟悉顶升气垫的应用环境、操作步骤、优缺点及注意事项。

   2. 熟悉液压千斤顶的应用环境、操作步骤、优缺点及注意事项。

考核：实地作业，依据标准制订评分细则。

【课目三】常用顶升操作技巧

对象：建筑物倒塌搜救队伍。

条件：救援专业训练教材；相关装备、器材；作业场地。

内容：垂直顶升技术实施技巧。

标准：掌握垂直单点顶升技术的操作方法。

考核：实地作业，依据标准制订评分细则。

第十节　绳索救援技术与装备操作

【课目一】绳索救援技术的定义及分类

对象：建筑物倒塌搜救队伍。

条件：救援专业训练教材；相关装备、器材；作业场地。

内容：1. 绳索救援技术的定义。

　　　2. 城市搜索绳索救援技术的分类。

标准：了解绳索救援技术的定义及分类。

考核：实地作业，依据标准制订评分细则。

【课目二】常用绳索装备

对象：建筑物倒塌搜救队伍。

条件：救援专业训练教材；相关装备、器材；作业场地。

内容：1. 安全带。

　　　2. 主锁。

　　　3. 下降器。

　　　4. 扁带。

　　　5. 上升器。

　　　6. 滑轮。

　　　7. 止坠器系统。

　　　8. 救援头盔。

标准：1. 熟悉坐式安全和全身安全带的基本性能、装备认证与执行标准及注意事项。

　　　2. 熟悉主锁的基本性能、装备认证与执行标准及注意事项。

　　　3. 熟悉自锁式下降器和非自锁式下降器的基本性能、装备认证与执行标准及注意事项。

　　　4. 熟悉扁带的基本性能、装备认证与执行标准、注意事项及保养和维护。

　　　5. 熟悉上升器的基本性能、装备认证与执行标准及注意事项。

　　　6. 熟悉滑轮的基本性能、装备认证与执行标准及注意事项。

　　　7. 熟悉止坠器的基本性能、装备认证与执行标准及注意事项。

　　　8. 熟悉救援头盔的基本性能、装备认证与执行标准及注意事项。

考核：实地作业，依据标准制订评分细则。

【课目三】绳索技术

对象：建筑物倒塌搜救队伍。

条件：救援专业训练教材；相关装备、器材；作业场地。

内容：1. 利用绳索垂直下降。

      2. 利用绳索上升。

      3. 组装滑轮组系统。

      4. 提吊伤员。

      5. 横渡技术。

      6. T形吊运技术。

      7. V形吊运技术。

标准：1. 掌握垂直下降班组作业的方法和技术要点。

      2. 掌握绳索上升的技术要点。

      3. 熟悉组织滑轮组系统的操作方法。

      4. 熟悉提吊伤员的技术要点。

      5. 熟悉横渡技术、T形吊运技术、V形吊运技术要点。

考核：实地作业，依据标准制订评分细则。

第十一节　现场医疗急救技术

【课目一】现场检伤分类方法

对象：建筑物倒塌搜救队伍。

条件：救援专业训练教材；作业工具；教室。

内容：1. 伤员批量快速评估及优先级分类。

      2. 伤员动态评估。

标准：1. 掌握伤员批量快速评估及优先级分类。

      2. 掌握伤员动态评估的初检、复检的方法和流程。

      3. 了解 START 检伤分类步骤。

考核：实地作业，依据标准制定评分细则。

【课目二】创伤急救四大技术

对象：建筑物倒塌搜救队伍。

条件：救援专业训练教材；作业工具；作业场地。

内容：1. 出血性质的判断。

      2. 出血量的估计。

3. 止血方法。

4. 三角巾。

5. 绷带。

6. 固定。

7. 搬运。

标准：1. 了解出血的基本知识。

2. 掌握指压止血法的使用时机和技术要点。

3. 掌握加压止血法的使用时机和技术要点。

4. 掌握止血带止血法的使用时机和技术要点。

5. 掌握三角巾头面部伤口包扎的方法。

6. 掌握三角巾胸背部伤口包扎的方法。

7. 掌握三角巾四肢包扎的方法。

8. 掌握绷带的包扎方法。

9. 掌握上肢骨折固定的方法。

10. 掌握下肢骨折固定的方法。

11. 了解脊柱骨折输送的方法及注意事项。

12. 了解骨盆骨折固定的方法及注意事项。

13. 了解担架的种类及运用环境。

14. 掌握担架搬运伤员的方法及注意事项。

15. 掌握徒手搬运伤员的方法及注意事项。

考核：实操考核，依据标准制定评分细则。

【课目三】心肺复苏

对象：建筑物倒塌搜救队伍。

条件：救援专业训练教材；作业工具；作业场地。

内容：1. 心肺复苏的基础知识。

2. 徒手心肺复苏的操作流程。

标准：1. 了解心肺复苏的概念及原理。

2. 熟悉安全评估的技术要点。

3. 能够准确识别患者的反应。

4. 能够准确识别患者的呼吸。

5. 熟练掌握对外呼救的方法。

6. 了解心肺复苏的体位。

7. 熟练掌握胸外按压的技术要点。

8. 掌握人工呼吸的操作方法。

9. 掌握心肺复苏的操作流程。

10. 了解灾害现场心肺复苏的注意事项。

考核：实操考核，依据标准制定评分细则。

【课目四】 自动体外除颤仪

对象：建筑物倒塌搜救队伍。

条件：救援专业训练教材；相关器材；作业场地。

内容：1. 自动体外除颤器（AED）的优点。

2. 自动体外除颤器的使用步骤。

标准：1. 能够掌握自动体外除颤器（AED）的特点。

2. 能够正确使用自动体外除颤仪。

考核：实操考核，依据标准制定评分细则。

【课目五】 建筑物倒塌压埋伤员的特殊救治事项

对象：建筑物倒塌搜救队伍。

条件：救援专业训练教材；相关器材；作业场地。

内容：1. 挤压综合征的现场早期干预。

2. 狭小空间救援。

3. 中暑的现场急救。

4. 烧伤现场急救。

5. 普及应用个人防护装备。

标准：1. 能够掌握挤压综合征的病因、现场表现及救治方法。

2. 能够掌握狭小空间救援的安全原则。

3. 了解狭小空间救援的伤情特点。

4. 能够掌握狭小空间救援的基本创伤技术。

5. 了解现场截肢术的要求。

6. 能够掌握中暑的分类、症状及现场救治方法。

7. 能够掌握烧伤现场急救的原则、基本急救步骤。

8. 了解呼吸道烧伤与吸入性损伤的判断及现场急救方法。

9. 能够掌握现场心理干预的具体步骤。

10. 了解普及应用个人防护装备的原则。

考核：理论考试，依据标准制定评分细则。

【课目六】 疾病预防控制

对象：建筑物倒塌搜救队伍。

条件：救援专业训练教材；相关器材；作业场地。

内容：1. 应急监测。

　　　2. 应急处置。

标准：1. 能够根据疫情防控开展应急监测。

　　　2. 了解传染病现场处置的流程。

考核：理论考试，依据标准制定评分细则。

【课目七】 消毒

对象：建筑物倒塌搜救队伍。

条件：救援专业训练教材；相关器材；教室。

内容：1. 消毒的基本概念。

　　　2. 常用的消毒方法。

　　　3. 救援过程中洗消的注意事项。

标准：1. 能够了解消毒和灭菌之间的区别及消毒剂的种类。

　　　2. 了解常用的消毒方法。

　　　3. 能够掌握救援过程中洗消的注意事项。

考核：理论考试，依据标准制定评分细则。

【课目八】 常见病症

对象：建筑物倒塌搜救队伍。

条件：救援专业训练教材；相关器材；作业场地。

内容：1. 急性冠状动脉综合征（心肌梗死）。

　　　2. 癫痫。

　　　3. 脑卒中。

　　　4. 烧烫伤。

　　　5. 低血糖。

　　　6. 高血压。

标准：1. 能够识别心脏不适的症状表现及熟悉应对措施。

　　　2. 了解癫痫发作时的表现及应对原则。

3. 能够掌握脑卒中、小中风的识别及应对措施。

4. 了解烧烫伤的处理方法及休克急救的原则。

5. 了解低血糖处理的方法。

6. 了解高血压处理的方法。

考核：理论考试，依据标准制定评分细则。

第三部分　救　援　演　练

第三章　建筑物倒塌搜救演练组织与实施

社会应急力量（建筑物倒塌类）搜救演练的组织实施，包括应急演练概述、建筑物倒塌搜救演练的准备、建筑物倒塌搜救演练的实施以及应急演练的评估与总结。通过课堂学习、模拟作业、实践操作的方式，使得队伍的管理人员可以了解应急演练的原理和要点，并通过模拟和实践开展筑物倒塌搜救演练，检验、提升队伍整体专业能力。建筑物倒塌搜救演练组织与实施时间分配参考表见附表7。

附表7　建筑物倒塌搜救演练组织与实施时间分配参考表　　　　h

科　目	课　目	时　长
建筑物倒塌搜救应急演练概述	课目一：应急演练的定义、意义、目的、发展趋势、分类和基本原则	0.5
	课目二：应急演练的规划和管理	1
建筑物倒塌搜救演练的准备	课目一：建筑物倒塌搜救演练的设计与场景设计	2
	课目二：建筑物倒塌搜救演练的文案准备	3
	课目三：建筑物倒塌搜救演练的综合保障准备	2
	课目四：建筑物倒塌搜救演练的应急保障	0.5
建筑物倒塌搜救演练的实施	课目一：建筑物倒塌搜救演练的角色与职责、过程	0.5
	课目二：建筑物倒塌搜救演练的基本方法	6
应急演练的评估与总结	课目一：演练的评估	2
	课目二：演练的总结	0.5
合计	10 课目	18

说明：社会应急力量队伍可根据自身队伍发展阶段，在学习演练组织过程中采用实践操作的形式以演代学，推荐课时仅供参考

第一节　建筑物倒塌搜救应急演练概述

【课目一】应急演练的定义、意义、目的、发展趋势、分类和基本原则

对象：建筑物倒塌搜救队伍。

条件：救援专业训练教材；教室。

内容：1. 应急演练的定义、意义和目的。

　　　2. 应急演练的发展趋势。

　　　3. 应急演练的基本原则。

　　　4. 应急演练的分类。

标准：了解应急演练的定义、意义、目的、发展趋势、分类和基本原则。

考核：理论考试，依据标准制定评分细则。

【课目二】应急演练的规划和管理

对象：建筑物倒塌搜救队伍。

条件：救援专业训练教材；教室。

内容：1. 应急演练需求。

　　　2. 应急演练范围。

　　　3. 应急演练目标。

　　　4. 应急演练组织架构。

　　　5. 制订应急演练计划。

　　　6. 应急演练管理。

标准：1. 熟悉应急演练的规划内容和要点。

　　　2. 能够根据要求制定一个简单的应急演练计划方案。

　　　3. 了解应急演练管理的关注要点。

考核：理论考试、实践评核，依据标准制定评分细则。

第二节　建筑物倒塌搜救演练的准备

【课目一】建筑物倒塌搜救演练的设计与场景设计

对象：建筑物倒塌搜救队伍。

条件：救援专业训练教材；教室。

内容：1. 建筑物倒塌搜救演练设计。

　　　2. 建筑物倒塌搜救应急演练场景设计。

标准：1. 熟悉建筑物倒塌搜救演练场景类型的突发事件背景设计的要素。

2. 能够通过团队完成一个建筑物倒塌搜救演练场景类型的突发事件背景设计。

3. 能够根据要求合理完成单一建筑物倒塌搜救技术运用工作场景的设计。

考核：理论考试、实践评核，依据标准制定评分细则。

【课目二】建筑物倒塌搜救演练文案准备

对象：建筑物倒塌搜救队伍。

条件：救援专业训练教材；教室。

内容：1. 演练总体情况说明和演练总体框架。

2. 演练流程和进度计划。

3. 信息注入。

4. 场景设计方案和突发事件背景。

5. 演练手册编制。

标准：1. 了解演练总体情况说明与总体框架的内容。

2. 掌握使用表格制定演练流程及演练进度计划的方法。

3. 了解信息注入不同方式，掌握对注入信息进行编码管理的方法。

4. 熟悉场景说明文件的内容，掌握对场景进行编码管理的方法。

5. 熟悉演练手册的编制原则、主要内容。

考核：理论考试、实践评核，依据标准制定评分细则。

【课目三】建筑物倒塌搜救演练综合保障准备准备

对象：建筑物倒塌搜救队伍。

条件：救援专业训练教材；教室；制作物耗材；作业场地。

内容：1. 信息表达手段和演练工具的准备。

2. 实战演练的现场准备。

标准：1. 了解应急演练信息表达手段和演练工具的形式作用。

2. 熟悉建筑物倒塌搜救实战演练现场准备的要素。

3. 能够根据设定的建筑物倒塌搜救演练场景制定一个现场管理方案。

考核：场地实操、实践评核，依据标准制定评分细则。

【课目四】建筑物倒塌搜救演练应急保障

对象：建筑物倒塌搜救队伍。

条件：救援专业训练教材；教室。

内容：1. 安全措施。

　　　2. 演练中止。

　　　3. 准备应对突发事件。

　　　4. 法律责任。

标准：1. 掌握应急演练中安全措施的要点。

　　　2. 熟悉演练中止程序的流程。

　　　3. 能够制定一个演练的应急预案。

　　　4. 了解应急演练的法律处置原则。

考核：理论考试、模拟作业、实践评核，依据标准制定评分细则。

第三节　建筑物倒塌搜救演练的实施

【课目一】建筑物倒塌搜救演练的角色与职责、过程

对象：建筑物倒塌搜救队伍。

条件：救援专业训练教材；教室。

内容：1. 演练组织者。

　　　2. 演练参演者。

　　　3. 演练模拟员。

　　　4. 演练评估员。

　　　5. 演练观摩人员。

　　　6. 演练过程。

标准：1. 熟悉应急演练的角色分类与职责分工。

　　　2. 能够完成一次建筑物倒塌类综合型实战演练的人员组织及分工。

考核：模拟作业、实践评核，依据标准制定评分细则。

【课目二】建筑物倒塌搜救演练的基本方法

对象：建筑物倒塌搜救队伍。

条件：救援专业训练教材；教室；制作物耗材；作业场地。

内容：1. 召开演练预备会。

　　　2. 启动演练。

　　　3. 演练推进。

　　　4. 演练导调。

标准：1. 掌握应急演练参演人员与演练组织方双重过程同时进行的方法。

2. 掌握演练推进的不同方式。

3. 能够根据建筑物倒塌搜救演练不同阶段的工作任务合理推动演练开展。

4. 能够合理利用演练暂停和演练热反馈等方式推动参演者形成小结。

考核：模拟作业、实践评核，依据标准制定评分细则。

第四节　应急演练的评估与总结

【课目一】应急演练的评估

对象：建筑物倒塌搜救队伍。

条件：救援专业训练教材；教室。

内容：1. 演练评估准备。

2. 演练中数据收集与分析。

3. 演练评估报告与持续改进措施。

标准：1. 能够根据具体应急演练的目标要求拟定评估表格。

2. 能够在应急演练过程中根据评估表格完成数据收集与分析工作。

3. 能够在演练结束后根据评估记录的情况，提出具体的改进措施和意见。

考核：模拟作业、实践评核，依据标准制定评分细则。

【课目二】应急演练的总结

对象：建筑物倒塌搜救队伍。

条件：救援专业训练教材；教室。

内容：1. 总结报告。

2. 成果运用。

3. 文件归档与备案。

标准：1. 了解应急演练总结工作的内容和意义。

2. 熟悉总结报告的结构。

考核：模拟作业、实践评核，依据标准制定评分细则。

参 考 文 献

［1］王恩福，黄宝森. 地震灾害救援手册［M］. 北京：地震出版社，2011.

［2］陈虹. 突发事件应急救援标准及地震应急救援标准建设［M］. 北京：地震出版社，2014.

［3］陈虹，王成虎，王巍，等. 城市搜索与救援支撑操作指南［M］. 北京：地震出版社，2019.

［4］贾群林. 地震应急救援培训的组织与管理［M］. 北京：地震出版社，2014.

［5］联合国人道主义事务协调办公室现场协调支持部门. INSARAG 国际搜索与救援指南［M］. 中国地震局震灾应急救援司，译. 北京：科学出版社，2017.

［6］应急管理部紧急救援促进中心（紧急救援职业技能鉴定中心）. 应急救援员五级［M］. 北京：应急管理出版社，2020.

［7］中国就业培训技术指导中心. 心理危机干预指导手册［M］. 北京：中国劳动社会保障出版社，2008.

［8］杨世勇. 体能训练［M］. 北京：人民体育出版社，2012.

［9］中共中央办公厅. 中共中央办公厅印发关于加强社会组织党的建设工作的意见（试行）［N］. 人民日报，2015 – 09 – 29（11）.

后　　记

本教材由应急管理部救援协调和预案管理局组织有关单位和专业人士共同编写，凝聚了建筑物倒塌搜救、应急医疗救援等方面专家、学者的集体智慧，是用于指导社会应急力量开展救援技能培训的专业书籍。教材编写过程中，我们充分征求了社会各有关方面的意见，尤其是吸收了部分社会应急救援队伍的建议，着力增强教材的针对性、实用性。

参加本教材编写工作的有（按姓氏笔画排序）王兴、王念法、石欣、卢杰、曲旻皓、刘亚华、李泊瑗、李威伯、杨传奇、杨洪杰、张丹波、张健强、陈剑明、陈媛、胡敏、罗秋、金洋、周小寒、周彤、袁佳琪、夏宏亮、梁岗、彭勃、褚云等同志，在此表示衷心感谢。同时，感谢中国地震应急搜救中心、应急管理部紧急救援促进中心、应急管理出版社、中国国际救援队、防灾科技学院、四川消防救援总队、兰州国家陆地搜寻与救护基地等单位对教材编写出版给予的大力支持。

由于时间仓促，书中疏漏在所难免，欢迎广大读者批评指正。

应急管理部救援协调和预案管理局

2022 年 8 月